当代地域建筑和谐理念与设计表达

张建涛 著

U0195137

中国建筑工业出版社

图书在版编目（CIP）数据

当代地域建筑和谐理念与设计表达／张建涛著.
北京：中国建筑工业出版社，2017.11
ISBN 978-7-112-21445-7

Ⅰ. ① 当… Ⅱ. ① 张… Ⅲ. ① 建筑设计−研究
Ⅳ. ① TU2

中国版本图书馆CIP数据核字（2017）第266061号

责任编辑：王晓迪　杜一鸣
责任校对：李欣慰　王　烨

当代地域建筑和谐理念与设计表达
张建涛　著
＊
中国建筑工业出版社出版、发行（北京海淀三里河路9号）
各地新华书店、建筑书店经销
北京锋尚制版有限公司制版
北京京华铭诚工贸有限公司印刷
＊
开本：787×960毫米　1/16　印张：20　字数：296千字
2018年3月第一版　　2018年3月第一次印刷
定价：78.00元
ISBN 978-7-112-21445-7
（30760）

序

——文化传承与建筑创新

文化传承与创新是建筑永恒的主题，文化发展与建筑创作中面临"传承"与"创新"的辩证关系，需要我们探讨建筑创作传承的核心和创新的切入点。

一、传承与创新是文化发展的基本点

传统是人类应对自然和社会严峻考验过程中积累的宝贵文化财富，任何一个国家和民族文化的传承和发展都在原有文化基础上进行，如果离开传统、断绝血脉，就会迷失方向、丧失根本。

传统作为稳定社会发展和生存的前提条件，只有不断创新，才能显示其巨大的生命力。没有传统的文化是没有根基的文化。不善于继承，就没有创新的基础，而离开创新，就缺乏继承的动力，就会使我们陷入保守和复古。

推动文化的发展，基础是继承，关键是创新。在吸收传统文化精华的基础上，不断增强原创能力，努力创作有地域特色和中国文化精髓的现代建筑是当代建筑师的历史责任。

二、和谐观是中华建筑文化传承的核心

中华文明源远流长，在漫长的历史发展进程中，形成了儒道互补的哲学体系以及与之相配的"天人合一、师法自然、和谐共生、厚德载物"的价值观，其核心观念是"和谐"。

和谐观念认同世间万物在保持其独特性、多样性的基础上建立恰当的良性相互关系，以达到"和而不同"、不同而又协调的境界，这是中华文明各个

层面的共同文化理想和价值取向。

中国传统建筑文化思想和适应自然与社会变化的和谐观，以及在城市、建筑、园林中所形成的鲜明特征，是我们从事中国现代建筑创作可以借鉴的宝贵财富。现代建筑的创作应充分理解和吸收民族的优秀建筑文化遗产，与现代的社会生活和科学技术相结合，创作有中国特色和时代精神的现代建筑。传承中华建筑文化和谐观的哲理思想，在当今的城市和建筑创作中，首先体现为地域性、文化性和时代性的和谐统一。

三、地域性、文化性与时代性统一是建筑创新的切入点

传承与创新应以具有中国特色的建筑创作理论作为指导设计创新的基本理念。从地域性入手，探索建筑形式和空间生成的依据，提升建筑文化内涵和品质，并与现代材料、技术和美学结合，最终实现地域性、文化性、时代性的和谐统一。

建筑的地域性：建筑是地区的产物。世界上没有抽象的建筑，只有具体的、地区的建筑，它总是扎根于具体的环境中，受到当地的社会、经济、人文等因素的影响，受到所在地区的地理气候条件、具体的地形地貌和城市已有建筑地段环境的制约。地域性体现了建筑与建造地点相关的地理、人文、技术和经济的关联性与一致性，它一方面表现为建筑应对所在地域自然环境的特殊性和适应性，另一方面体现出应对特定地区建筑文化的独特性和延续性。

地域性是建筑创作的基础，从地域的环境中、从本土的文化和技术中去寻根，挖掘有益"基因"，设计就能"量身定做"，并与现代科技、文化结合，使现代建筑地域化、地区建筑现代化。

建筑的文化性：建筑具有物质与精神的双重属性。建筑作为一种文化形态，它反映建筑在满足功能需求的同时所体现的人类生活方式和价值取向。一座有文化品位的优秀建筑，其精神内涵所散发的光辉常常超越功能本身，其文化意义和艺术感染力常常成为一个时期的文化标志，推动人类文明的

进步和发展。当今，社会生活方式、文化观念、价值观念都发生了很大的变化，建筑文化呈现出多元化发展的趋向。建筑师既要自觉继承地方建筑文化传统，提炼地域独有的文化特征，创造性地研究和发展本土文化，又要注意吸收世界文化的优秀遗产，在现代建筑的共性中突出地方个性，在协调中做到丰富多彩，"和而不同"，不同而又协调。

在当今城市建筑同质化和泛西方文化的大背景下，我们应增强文化自信。传承中国建筑文化并非对传统建筑形式和图像符号的抄袭，而应挖掘文化内涵，提炼文化精神的特质，并从现代文明大背景中升华时代精神，创作有民族和地域文化特色的新建筑。

建筑的时代性：建筑是一个时代的反映，它将长久地象征一个时代的特性。当今科学技术日新月异，新材料、新技术、新结构、新工艺得以广泛应用，新思想、新理念正在改变人们的空间观念和工作模式，使建筑创作进入一个新的时代。而针对当今全球环境不断恶化的现状，关注节能环保、创建绿色低碳建筑已逐渐成为建筑可持续发展的必然趋势。

现代建筑创作要充分适应当今时代的特点和要求，用自己的建筑语言来表现时代的设计观念、思维方式和科学技术特征。归根到底，是时代精神决定了建筑的主流风格。

创作有中国特色的现代建筑，关键是要处理好时代精神与弘扬传统建筑文化的关系，建筑师应自觉吸收地域文化优秀传统，融汇世界人类建筑文化精华，寻求传统文化与现代生活的结合点，创作有文化品位的现代建筑。

四、建筑"三性"和谐统一是建筑设计创新的一个普遍原则

建筑的地域性、文化性、时代性是一个整体的概念，地域是建筑赖以存在的根基，文化是建筑的内涵和品位，时代性体现建筑的精神和发展。建筑"三性"是相辅相成、不可分割的，地域性本身就包括地区人文文化和地域时代特征，文化性是地区传统文化和时代特征的综合表现，时代性正是地域特

性、传统文脉与现代科技和文化的综合发展。建筑"三性"关注建筑问题与文化问题在历史发展轴线上的交织，从中国文化传统中汲取合理性的因素，以实践为基础，立足于整体观和可持续发展观，探索一条符合中国特色的当代建筑创作道路，寻找有中国特色的当代建筑设计新语言，从而推动当代建筑设计理论与实践方法体系的发展。它体现了对待中国传统和现代性的一种新的态度、一种发展的历史观念。

建筑师在构思过程中，应按项目的性质、用途、时间、地点等条件统筹考虑，正确处理共性和个性的关系，做出正确的创新定位和设计对策，从而创作出有丰富内涵和鲜明特色的作品。

扎根本土，立足创新，树立正确的创作思想，在建筑的地域性、文化性和时代性上下功夫，寻求传统文化内涵与现代科技的结合，走有中国文化和特色的现代建筑创作道路，创建和谐的人居环境。

本书围绕建筑传承与创新这一永恒主题，从和谐理论与系统理论的视角，对当代地域性建筑理论与设计方法进行深入的研讨。书中内容系统地探讨了当代地域性建筑的本质具有和谐系统性，归纳出地域性建筑具有核心性、关联性和生长性的特征，在此基础上，把当代建筑地域性的设计表达概括为主题性、整体性和延续性。这三个层面的特征作为一个整体，共同构成了当代地域性建筑创作的和谐系统观念。作者这一论点的建立，有助于推进和细化当代地域性建筑理论与设计方法的研究，有助于当代建筑创作的整体思考。本书观点明确，框架清晰，论证合理，图文并茂，是当前研究地域性建筑理论和设计方法较为系统的一本论著，具有较高的学术价值，对推动地域建筑理论和实践有着重要的积极作用。

何镜堂

中国工程院院士
华南理工大学建筑设计研究院院长、教授、博士生导师
华南理工大学建筑学院名誉院长

目 录

序——文化传承与建筑创新

第一章

绪　论

1.1 研究背景和意义

当代地域性建筑理论是应对全球化发展所造成的问题而出现的，是对地域传统文化的尊重与发展的探索，这已是大多数学者的共识。但探索具体的设计理论依据和方法途径仍是一项重要的研究课题。

当今社会、经济、文化全球化的迅猛发展，不仅改变着人们的经济活动和生活状态，也改变了人们认识世界的视野与思维方式。地域性建筑涉及自然科学、技术科学、人文科学和社会科学等，其内容丰富复杂。面对纷繁复杂的世界存在的种种矛盾，建筑师需要进行思维模式的转变，并给予有效的应答。

当代地域性建筑表现为多元化、个性化的特点，全球化和地域性的关系，从对立转变为互补、互融，表现出一种非对抗形式。这种状态需要我们对传统线性的、简单的、孤立的思维范式进行扬弃，寻求一种具有时代精神的多元的、复杂的、联系的地域性建筑设计理念，也就是吸收全球化有益的价值，结合地域现实条件，来研究地域性建筑的当代内涵与特征，以指导我们对当代地域性建筑设计理论和方法进行思考与整合。

地域性的核心是建筑与人和自然、社会环境之间的互动关系。在建筑建造活动中，由于人的主观价值取向，在地域性的凸显过程中有着重要的作用，因此，地域建筑的形成，有客观地域环境的作用，也有人的主观能动性在发挥作用。地域建筑是通过人的活动使地区各种客观环境要素协同作用实现其整体特性的。这种特性表现出多样的统一、关系的协调、要素的平衡和动态发展的特点，表现出一种和谐关系。这种和谐关系是建立在人的主观价值取向与客观环境要素平衡的一致性的基础上的。人的主观价值取向和客观环境要素的平衡具有相对独立性，又有密切联系的统一性，反映着建筑地域性的本质。

当代地域性建筑研究，从研究内容来看，较多关注地域建筑设计的客观环境条件。以和谐理念研究地域性建筑在于重视主观因素在建筑活动中的作用，并强调作为地域建筑的影响因素的主观和客观要素及其关系。建筑地域性的凸现，表现为建筑与客观环境要素平衡和主观人的因素协调之间的一致性。

和谐理念来源于人类社会实践，是经验与科学结合的智慧。和谐理念作为一种思维方式，开阔或扩展建筑师们的思想领域。基于和谐理念，对当代建筑地域性设计表达内容的多层次关系进行整合，更能反映建筑设计活动中的具体情况及其复杂关系。当代地域性建筑，虽然对普遍的全球化表现出抵抗的姿态和批判的精神，但它却必须以全球化为背景和前提。这表明当代建筑在全球化和地域性之间表现出一种非对抗形式，体现了和谐的本质关系。和谐具有系统性的特征，将地域性建筑看成是一个系统，探讨地域性建筑系统构成及其和谐性特征，并以此为基础进一步讨论当代建筑地域性设计表达具有的一定的方法优势，使研究具有很强的操作性。本书的研究基于和谐理念，对建筑建造活动中所涉及的人的主观因素和客观地域环境因素及其关系进行深层剖析，探讨当代地域性建筑设计的系统性和可操作性。

基于和谐理念探讨当代地域性建筑，把建筑活动中的主观和客观影响因素作为设计的本源，揭示出地域性建筑的内在特征，对理解现代与传统、全球化与地域性之间的关系具有现实意义。因此，基于和谐理念对当代建筑的地域性设计表达研究，可以推进和细化当代建筑地域性理论与实践，丰富和深化地域性建筑理论和设计方法。

基于和谐理念对当代地域性建筑进行研究，一方面批判性地激发了地域性建筑的活力，另一方面又修正性地丰富了现代建筑的内涵。本书的研究希望在全球化的背景下，为当代地域性建筑理论与实践提供一种参考，也希望为当代建筑实践活动注入新的活力与动力。

1.2 研究对象和目标

1.2.1 研究对象

地域性建筑是一种与所处地域的自然条件、经济形态、文化环境和社会结构具有特定关联的建筑。其建造和发展具有地点性和由此确定的地理空间，也体现在特定的历史时期出现在某一个特定地区的历史必然性。但由于建筑自身的特殊性，以及各种偶然性因素，地域性建筑的研究还应涉及建筑建造过程中人的主观层面的内容。因此，地域性建筑的研究应涉及地域的自然、社会、经济文化环境，以及具体的基地环境要素和建造过程中人的主观因素等。本书研究内容涉及地域的客观环境因素和主观人的因素，客观环境包括宏观的地域环境和微观的基地环境因素；主观因素包括人对地域环境的认知和人的主体意识。

"当代地域性建筑"，首先其研究范围并不局限于已有的具有地域特色的建筑，而是扩大到当代建筑这一领域范围，体现建筑的地域性是当代建筑的一种价值取向。其次，由于有了"当代"这一定语，对地域性建筑的研究必须置于全球化的背景下。当代地域性建筑具有"地域化"与"现代化"的双重任务，这使得地域性建筑的研究具有辨证性。当代地域性建筑这一概念的提出更体现出对建筑作为一种多价值的空间与模式的探求，也将成为解决传统地域文化与现代技术诸多矛盾的一种有效手段，从而满足地域文化可持续发展的时代需要。

本书研究所针对的当代地域性建筑，其基本目的是为了解决当代建筑地域性设计表达的问题。传统地域性建筑具有"自发"状态的地域性，而当代地域性建筑具有"自觉"状态的地域性。一些传统建筑在呼应当地气候、利用地域材料和适应当地地质条件等方面的表现是经得起考验的。因此，在建筑创作时，传统地域性建筑中的很多处理方法依然具有价值。本书研究的范围还涉及了传统地域性建筑，目的是利用其有价值的解决问题的方式，来研究当代建筑设计中地域性表达的问题。

地域性作为建筑的基本属性之一，是人类聚落与建筑形态在漫长的发展演变过程中与当时当地自然、社会文化因素、经济技术条件相互作用的结果，具有时间、空间的限定和不断发展、自我更新的特征。在全球经济一体化和信息交流日益频繁的今天，如何表达当代建筑的地域性，已成为当前建筑学界深入研究的方向之一。本书所讨论的基本概念和理论基础，以及设计方法与设计表达，试图探讨建筑地域性的一般规律，并没有特别地强调具体的某一特定的地域范围。

1.2.2　研究目标

本研究以实现当代建筑创作中的人地共生、人文延续和整体发展为目标，具体如下。

（1）依托和谐理论建立综合理论基础，对当代建筑地域性所涉及的多层次内容及其关系进行系统整合，讨论影响地域性建筑的主观和客观因素相互作用的关系。

（2）通过对影响地域性建筑的主观和客观因素相互作用的规律揭示，从系统科学思维角度分析和谐理念的系统含义，探讨地域性建筑和谐系统性，从而提炼出地域性建筑的和谐系统性特征及其当代表现。

（3）对地域性建筑和谐系统性及其当代表现在理论和实践层面开展实证研究，探索具有可操作性的当代地域性建筑设计方法的理论框架，并归纳出具体设计方法。

1.2.3　拟解决的关键问题

（1）论述建筑地域性的影响因素，包括地域环境客观因素和人的主观因素，地域建筑形成是两者相互作用的结果。

影响地域性建筑的主观和客观因素是建筑地域性设计的本源，在建筑设计实践中，地域性的凸现是由主观因素协调与客观因素平衡的一致性来实现的。这一论点的提出把建筑地域性创作的主体和目标扩展到地域环境的"全体",揭示出地域性的本质特征。它的意义在于为建筑创作提供了一种理念和方法。这一部分借助和谐理论的基本思想和方法,以及对相关学者有关建筑地域性的论述和典型案例分析来阐述这一问题。

(2)揭示地域性建筑的本质具有和谐系统性。

探讨地域性建筑和谐系统性,是为进一步讨论当代地域性建筑设计方法的可操作性。这一理念揭示了地域性建筑的内在特征,也是平衡当代地域性建筑设计中主观和客观关系的方法手段,是理论研究的重要前提和基础。和谐具有系统的含义,将地域性建筑看成是一个系统,探讨地域性建筑的系统构成,从而探索地域性建筑和谐系统性的规律和特征。

(3)构建可操作性的当代地域性建筑设计理论框架。

构建可操作性的当代地域性建筑设计理论框架是研究的核心内容。从地域性建筑和谐系统性的当代特征入手,探索当代地域性建筑设计方法与表达。它为当代地域性建筑设计表达提供系统的、可操作的设计方法,也为当代建筑创作中地域性设计表达提供可参考的理论依据和方法途径。

1.3 研究方法和思路

1.3.1 研究方法

(1)多学科比较的研究方法。拟借鉴地理学、社会学、历史学、传播学等学科的研究成果来分析研究地域性建筑影响因素的学科维度和时空维度,以此分析研究地域性建筑系统构成。

(2)系统科学的研究方法。在系统科学方法中,研究从实体到关系、从单向到多向、从静态到动态的思维模式,目的是将复杂事物的研究系统化和层次化。和谐具有系统的含义,从系统科学思维的角度探讨和谐理念具有的方法优势。把地域性建筑作为一个系统，研究地域性建筑的和谐系统性，以推进和细化设计理论与方法的研究。

（3）案例分析的方法。结合典型的当代地域性建筑实例，从不同角度对研究的过程与成果进行佐证。案例分析并不仅仅关注案例的形式层面，而是通过形式研究对其内在的原因和适合的设计手法进行分析，力求对理论有进一步认识。

（4）分析与综合的研究方法。分析方法指分析事物产生的根源、途径，还指将复杂系统中一部分要素的性质单独提取出来，并进行剖析和研究，以获得深入的认识，再把分析的结果进行综合，这样才能形成整体认识。

1.3.2 研究思路

（1）概念解析：依托和谐理论建立综合理论基础，对当代建筑地域性的多层次内容及其关系进行系统整合，归纳影响建筑地域性主观和客观因素相互作用的关系，并对产生的新概念进行解析、论证。

（2）理论推演：通过建筑地域性主观和客观因素相互作用的规律揭示，从系统科学思维角度分析和谐理念的系统含义，探索地域性建筑和谐系统性，从而提炼出地域性建筑的和谐系统性的特征及其当代表现。

（3）设计理论建构：以实现当代建筑创作中的人地共生、人文延续和整体发展为目标，对地域性建筑和谐系统性及其当代表现在理论和实践层面开展实证研究，探索具有可操作性的当代地域性建筑设计表达的理论框架。

（4）设计表达研究：在理论框架研究的基础上，以科学的方法和态度与大量实践经验相结合，归纳具体设计表达和方法。并结合典型实例，对当代地域性建筑设计方法和表达进行系统的分析和实证研究（图1-1）。

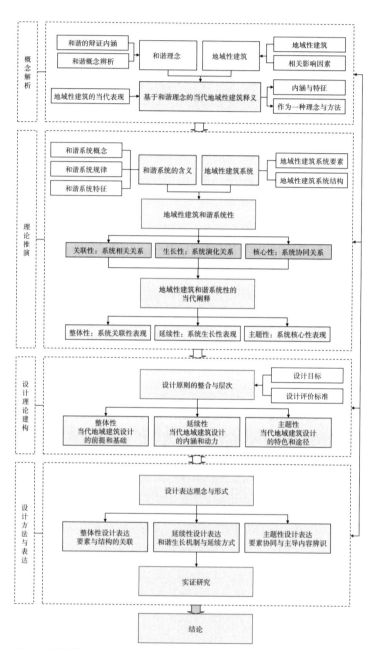

图1-1　研究思路

1.4　研究内容和框架

1.4.1　主要内容

（1）引入和谐理论，解析基于和谐理念的当代地域性建筑的内涵及特征。

和谐理念属于哲学、社会学等人文学科范畴的词汇，这一部分阐述和谐理念在建筑学中的内涵，并进一步对基于和谐理念对当代建筑地域性的多层次内容及其关系进行系统整合。在此基础上，提出基于和谐理念的当代建筑地域性的相关概念及其内涵与特征。

（2）探讨地域性建筑的本质具有和谐系统性及其当代表现。

从系统科学思维的角度分析和谐理念，阐述和谐理念的系统含义，探讨地域性建筑具有和谐系统性，归纳出关联性、生长性、核心性是地域性建筑和谐系统性的主要特征。在此基础上，进一步推演出当代地域性建筑表现的规律和特征。

（3）建构基于和谐系统性的当代地域性建筑设计方法理论框架。

在上述概念和理论研究的基础上，进一步探讨当代地域性建筑的设计目标和评价标准，并以地域性建筑和谐系统性的当代表现的规律和特征为研究基础，从整体性、延续性、主题性三个层面建构当代建筑地域性设计表达的理论框架。这三个层面相辅相成，不可分割。

整体性的设计表达，是当代建筑地域性设计表达的系统性方面。主要分析和研究当代建筑地域性设计表达的系统要素和结构构成关系，从设计表达要素的共存性和结构的关联性两个方面提炼地域性整体的设计表达方法。延续性设计表达，是当代建筑地域性设计表达的地域特质方面。主要分析和研究当代地域性建筑系统的生长机制和延续方式，从设计表达的内在延续和外在延续两个方面提炼地域性延续的设计表达方法。主题性设计表达，是当代建筑地域性设计表达的独特方面，主要分析和研究当代建筑地域性表达中，主观和客观要素的协同关系，并通过对设计主题的辨识，从设计表达的意义、结构和形式三个层次提炼地域性主题的设计表达方法。

我们把当代建筑地域性设计表达方法概括为整体性、延续性、主题性三个层面，这三个层面是一个整体，三者相辅相成，不可分割，共同构成了当代地域性建筑设计理论框架。

（4）针对当代建筑设计实践进行案例研究。

结合建筑设计案例，针对当代地域性建筑设计表达的整体性、延续性、主题性三个方面，从理论和方法上分别对当代建筑地域性设计表达进行系统的分析和实证研究。

1.4.2 研究框架

本书主要包括两个部分。

第一部分，概念和理论基础，包括第一、二、三、四章。

第一章绪论。讨论了研究目的和意义、研究对象、目标和方法以及研究内容与框架。

第二章地域性建筑理论回顾与设计实践探索。对地域性建筑的发展和设计实践状况进行了总结。

第三章基于和谐理念的当代地域性建筑释义。讨论了和谐理念、地域性建筑及其相关概念；在此基础上，探讨了基于和谐理念的当代地域性建筑的内涵与特征；指出基于和谐理念的当代地域性建筑研究作为建筑设计的一种理念和方法。

第四章地域性建筑的和谐系统性及其当代阐释。分别论述了系统和谐的概念与地域性建筑系统的构成；探讨了地域性建筑的和谐系统性特征：关联性、生长性、核心性；并对当代地域性建筑的和谐系统性进行推演和归纳：整体性、延续性、主题性。整体性是当代地域性建筑关联性的表现；延续性是生长性的表现；主题性是核心性的表现。整体性、延续性、主题性是当代地域性建筑和谐系统性的三个层面，共同表现出当代建筑的地域性特征。

第二部分为设计方法与表达，包括第五、六、七、八章。

第五章基于和谐系统性的当代地域性建筑设计理论建构。分析和归纳了当代地域性建筑的设计原则、目标和评价标准，并从整体性、延续性和主题性三个层面建构了当代地域性建筑设计理论框架。

　　整体性是当代地域性建筑设计表达所依赖的基础和前提，分析了系统要素及其构成关系和关联模式；延续性是当代地域性建筑设计表达的内涵和动力，分析了系统的生长机制和传承方式；主题性是当代地域性建筑设计表达的特色和途径，分析了系统要素构成的协同模式和核心特征。这三个层面是一个相辅相成的整体概念，共同构成了当代地域性建筑设计的理论框架。

　　第六、七、八章在上述设计的理论框架的基础上，分别对当代地域性建筑系统的整体性、延续性、主题性的设计表达进行了分析和探索。

　　第九章结论。总结了研究的主要结论和展望。

第二章

地域性建筑理论回顾
与设计实践探索

建筑是伴随着社会的发展而由低级到高级、由简单到复杂演进的，承载和推动着人与自然、人与社会、人自身的辩证运动，作为建筑实践中的设计理论也随之演进。本章针对地域主义建筑的产生背景、理论发展过程，以及相关理论，附以建筑实践作品加以讨论，从中认识地域性建筑理论与设计实践历史演进中的和谐理念。

2.1 国外地域性建筑设计理论与实践

地域主义最早可追溯到18世纪、19世纪英国的风景画造园运动及其对"地方精神"的追求，也称浪漫的地域主义。地区主义理论的提出，应追溯到20世纪30年代，美国的刘易斯·芒福德（Lewis Mumford），他把美国东部建筑师亨利·霍布森·理查森（Henry Hobson Richardson）当时还不为人知的作品解释为地区主义。20世纪40年代中后期，芒福德提出了地区风格的主张，他的地域主义理论集中在对根植于现代主义建筑运动的国际式的批判。吴良镛教授将其称之为"早期的现代地域主义建筑理论"。

20世纪70年代以后出版的《没有建筑师的建筑：简明非正统建筑导论》是地域建筑理论的重要著作，作者鲁道夫斯基（Bernard Rudofsky）通过对世界各地乡土建筑的分析，向人们揭示了建筑在不同地域的自然环境、技术和文化条件下的乡土建筑创作所取得的巨大成就。另一个重要的地域建筑理论是由亚历山大·楚尼斯（Alexander Tzonis）和丽安·勒法维（Liane Lefaivre）首先提出的"批判的地域主义"。肯尼斯·弗兰普顿（Kenneth Frampton）在《现代建筑——一部批判的历史》中的论述使这种建筑理论广为人知，产生了较大的影响。

在建筑实践方面，建筑理论学家诸如诺伯格·舒尔茨（Christian Norberg-

Schultz）、弗兰普顿，以及柯蒂斯（Willian Curtis）等的文章不断加以开拓与倡导。弗兰普顿对"批判的地域主义"所作的定义，为地域建筑理论建立了一个很重要的框架。

一些重要的建筑师，如弗兰克·劳德埃·赖特（Frank Lloyd Wright）、阿尔瓦·阿尔托（Alvar Aalto）、诺依特拉（Richard Neuta）、柯布西耶（Le Corbusier）、康（Louis Kahn）以及伍重（Jorn Utzon），他们那些具有前瞻性与真理价值的创见均可找到其地方性的源头。在"二战"后的年代里产生了一些优秀的建筑师，如墨西哥的巴拉干（Luis Barragan）、日本的丹下健三（Tange Kenzo）、巴西的尼迈耶（Oscar Niemeyer）以及挪威的费恩（Sverre Fehn）、埃及的哈桑·法塞（Hasan Fathy）、瑞士建筑师马里奥·博塔（Mario Botta）、印度的查尔斯·柯里亚（Charles Correa）、澳大利亚的菲利普·考克斯（Philip Cox）、西班牙的圣地亚哥·卡拉特拉瓦（Santiago Calatrava）、日本的安藤忠雄（Tadao Ando），等等。他们均受到国际思潮的影响，诠释其乡土文化与社会特色，同时也保持了现代建筑进步和解放的思想，他们在地域性建筑的实践与探索方面作出了重要的贡献。

2.1.1　早期地域主义建筑思想

2.1.1.1　地区主义思想溯源

18世纪下半叶起源于欧洲的浪漫主义（Romanticism），可以说是地域主义建筑思想的始端。浪漫主义具有民族性和进步性的含义，体现了地方性趣味。它抛弃了希腊、罗马的艺术典范，表现为对国际性新古典主义的逆反。早期的浪漫主义带有旧封建贵族追求中世纪田园生活的情趣，在建筑上表现为对中世纪建筑风格的模仿。

19世纪30至70年代，浪漫主义在英国真正成为了一种创作潮流，这便是哥特复兴（Gothic Revival）。哥特风格是欧洲的传统风格，在英国和欧洲其他国家成为传统的重要组成部分。这一时期产生了浪漫主义最著名的代表作品——英国国会大厦（House of Parliament，1836—1868，图2-1），它曾一度成为英国民族自豪感的象征。

这一时期的浪漫主义建筑作品表现出"那种意义上的地方建筑价值观，代表了一种渴望摆脱通用、异邦的设计规范而归属于单一种族共同体的情感"[1]，可以说是地区主义的雏形。

2.1.1.2　北欧的民族浪漫主义

19世纪末到20世纪初，北欧建筑师把地区传统和简化的历史主义结合在一起，并且注重地域材料的运用。这一时期的建筑风格呈现民族浪漫主义的特色。

荷兰建筑师贝尔拉格（H.P.Berlage）的创作源泉是中世纪荷兰的当地建筑传统。阿姆斯特丹证券交易所（Stock Exchange，Amsterdam，Holland，1896—1903，图2-2）回应了荷兰精美的砖墙工艺传统，剔除了所有不必要的虚假装饰，展示了砖墙本身的魅力。沙里宁（Eliel Saarinen）设计的赫尔辛基中央车站（Railway Station, Helsinki, Finland，1906—1916，图2-3）既有古典的厚重格调，又错落有致，方圆相映，显得生动活泼而不呆板，具有纪念性，成为北欧浪漫主义的代表作品。瑞典建筑师奥斯特伯格（Ragner Osterberg）

图2-1　英国国会大厦

图2-2　阿姆斯特丹证券交易所

1　亚历山大·仲尼斯，丽安·勒法维. 批判的地域主义之今夕［J］. 李晓东译. 建筑师，47：88.

图2-3　赫尔辛基中央车站　　　　　　　　　　　　　　图2-4　斯德哥尔摩市政厅

设计的斯德哥尔摩市政厅（Stockholm City Hall, Stockholm, Sweden, 1909—1923，图2-4）是尊重和继承传统的典范。同是在瑞典，建筑师阿斯朴兰德（E.G.Asplund）的斯德哥尔摩图书馆（Stockholm Library, Stockholm, Sweden, 1920—1928）把一种简朴的古典主义和地方风格结合在了一起。

这种尊重当地民族传统并结合地域材料的建筑倾向在北欧特别受到重视，并直接影响了阿尔瓦·阿尔托及其以后几代建筑师。

2.1.1.3　赖特的"有机建筑"

弗兰克·劳埃德·赖特是以芝加哥为基地的草原学派的主要代表人物，受北美工艺美术运动的强烈影响，他设计的一系列住宅表现出共同的特征。这类住宅大多坐落在郊外平坦的草地上，周围是树林，用地宽阔。建筑从实际生活需要出发，在布局、形体以至取材上，特别注意同周围自然环境的配合。

平面常用十字形，以壁炉为中心，起居室、书房、餐室都围绕壁炉布置，卧室常放在楼上。室内空间尽量做到既分割又连成一片，并根据不同需要有不同净高。层高较低，出檐比较大，室内光线比较暗淡。高低不同的墙垣，坡度平缓的屋面，深远的挑檐和层层叠叠的水平阳台与花台组成水平线条，以垂直的烟囱统一起来，打破单调的水平线条。外部材料上质地以及深色的木框架和白色粉墙形成强烈对比。形成以横线条为主的构图，既具有美国建筑的传统风格，又突破了传统建筑的封闭性，很适合于美国中、西部草原地带气候的特点。由于历史地理条件和受他的影响，美国中西部出现了不少类似的住宅。

草原式风格追求表里一致性，建筑外形尽量反映出内部空间关系，注意建筑自身的比例与材料的运用，造型效果犹如植物覆盖于地面一样。建筑往往利用垂直方向的烟囱将高高低低的水平墙垣、坡度平缓的屋面、层层叠叠的水平方向阳台与花台及舒展而又深深的挑檐统一起来。建筑以砖木结构为主，尽量表现材料的自然本色，重点装饰部分的花纹大多是图案化的植物图形或由直线组成的几何图形。

威立茨住宅（Willitts House，1902）是草原式住宅的代表，也是他有机建筑理论的感性根源（图2-5）。

赖特把有机建筑解释为自然的建筑，强调建筑在环境中的延续性，这是赖特有机观的最重要方面。所以在20世纪最初的十年里，他的住宅风格基本成熟了，它体现了赖特有机建筑的一个重要特征：即对自然环境的尊重和对场地的契合。赖特的有机建筑还表现在他对结构的处理上，他的结构形式构思延伸到整个结构而不仅是装饰。赖特的有机建筑还表现在对自然材料的使用上，粗砌石块、砖铺地坪使他的建筑带有原始感。

流水别墅（Fallingwater，Bearrun，Pennsylvania，1934—1937，图2-6），以及西塔里埃森（Taliesin west，Scottsdale，Arizona，1938，图2-7），是赖特在建筑创作上探求新的表现方法的作品，建筑形体更趋于自由，在场地的契合、形态处理、材料运用上，是草原式住宅理论的延伸，仍旧保持了草原式住宅的特色，与场地环境融为一体。

赖特的有机建筑具有整体性的理念。表现为对材料品质、结构和构造的忠实体现，表现为功能和形式的统一，以及整体与局部的对应关系。这种整体性还表现在建筑与环境的协调共处方面，不仅在视觉层面上与自然条件和特征相协调，而且与建筑的生态机制、文化气质以及人的生活方式的内在关

图2-5　威立茨住宅
a. 外观
b. 平面

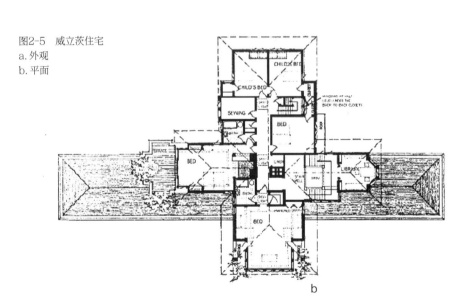

图2-6　流水别墅　　　　　　　　　　图2-7　西塔里埃森

系上相协调。赖特有机建筑的另一个重要理念是建筑在特定的环境中具有生长感。建筑与环境的契合关系表现出地域环境中的自然地理和社会文化特征，加强了环境的特质，在深层上触及了地域建筑设计的本质内容。

2.1.1.4　阿尔托的"人情化"与地方性建筑

阿尔瓦·阿尔托在将地方性转译为现代建筑方面，做了深入的理论与实践的探索。他的作品表现了现代主义普适性理念和建筑地域特性之间的矛盾。阿尔托与斯堪的纳维亚的其他建筑师一样，在加入激进的现代建筑运动的同时，保持着自己独立的理解和个性。"他对人性、自然和传统的关怀给冷峻、清素的现代建筑注入了情感和丰富性"。

阿尔托的作品生长于具有独特的自然环境、文化传统和地缘政治的芬兰。其作品个性的一个重要来源是芬兰的自然地理特征。湖面优美的形态、起伏的涟漪，森林的幽蔽感，戏剧性的光影和木材丰富而微妙的肌理……这一切构成了芬兰风景的自然特征，也塑造了芬兰人独特的品性。

梅丽娅别墅（Villa Mairea，1939，图2-8）是阿尔托在"二战"以前完成的最重要的建筑，这座位于芬兰西部松林之中的小建筑集中体现了阿尔托设计思想的核心——自然性。

梅丽娅别墅的整体构成是"U"形的。建筑的形体围合了庭院的三个面，寂静的松林充当着庭院的第四面。肯尼斯·弗兰普顿称其形体具有"地质的

图2-8　梅丽娅别墅

纹理"。梅丽娅别墅的底层是一个贯通的空间，灵活可变的分隔使它既可以作起居室和餐厅，也可以当作艺术品展厅。透过树林，远处的梅丽娅别墅具有典型的现代建筑的形象。当穿过树林走近它时，丰富而感性的细部开始深深地触动人的心灵。入口的雨棚由密集的树杆支撑。这些树杆仍然保留着疤节，竖向的韵律与周围的树林产生共鸣。它们将入口空间压暗，为进入建筑内部作准备。在建筑内部，人们的眼光立即停留在另一处"树林"上，它将楼梯与地板联系起来，并充当楼梯的围护。密集的树杆又一次再现了真实森林的意象，反复把建筑拉入环境之中。从楼梯旁边，透过开敞的玻璃面，人们可以看到庭院的优美景色。芬兰冷杉构筑的桑拿浴室，坐落在水池旁边，这是每一座芬兰住屋不可缺少的部分。

　　"二战"以后，阿尔托的创作进入成熟的"红色时期"，在继续探讨木材的工艺特性和美学价值的同时，开始研究另一种北欧传统的自然材料——红砖。

图2-9　珊纳特赛罗市政厅

　　在珊纳特赛罗市政厅（Town Hall of Saynatsalo，1949—1952，图2-9）中，建筑的内外墙面几乎都以当地的红砖砌筑，会议厅的屋顶则继续了阿尔托对于木构一贯的诗性表现。一种强烈的地域感，通过芬兰那种树木繁茂的景观所表达出来。这组建筑被认为是阿尔托将民主与纪念性、权力与主体、文化与自然进行融合的典范。

　　这以后，阿尔托在芬兰、欧洲大陆和美国勃发出更为旺盛的创作力。他是一位非凡的建筑师。在他一生的创作中，与地域文化相结合、尊重人性和自然性，一直是设计的基本核心。阿尔托的思想是现代的，同时也是芬兰的。地域与国际、传统与现代、城市与自然、社会与个人、理性与本能、标准化与多样性，这些矛盾的因素没有导致简单的教条和草率的结果，而是成为综合多种因素的、复杂有机的个人风格的内在力量。阿尔托将地域环境、文化记忆和设计创新相结合，其作品具有鲜明的地方风格。

　　阿尔托的"自然"是宏观的自然因素，他不仅指出自然条件对建筑的影响，而且指出"自然之理"——即生长和发展的"内在机制"和"机理"，也是建筑设计应遵循的宏观规律，这样产生的"自然"的建筑才具有生命力，才具有真实的风格！这确实是"自然的建筑观"，同时也蕴含一种源于自然的和谐建筑观。

　　阿尔托还认为"自然差异性的主题"是最深层的基本建筑特点。这更进一步说明地域特性与"自然差异"的直接关联性，以及由"差异性"源起的创作而生成的本质特征。阿尔托的"自然建筑观"不仅是人类文明的精神反映，而且其建筑实践中所体现出来的"自然特质"和"自然的生命文化"更是打动人类社会，是推动着现代建筑向前发展的动力。而他的"建筑自然观"不仅体现在建筑物同自然环境的和谐结合与融汇上，而且内部的空间形态同内在使用功能，以及结构形态结合得也是非常地"自然"，同有生命的生物体一样，阿尔托的这些设计手法在其众多的建筑作品中均有不同程度的反映。

　　欧美早期地域主义建筑发展相关事件，见表2-1。

欧美早期地域主义建筑发展相关事件 [1]　　　　表 2-1

人物	地点	时间	主要观点
—	美国	1830's	适合美国本土特征的，新的木结构体系——轻骨构架诞生，1850年前得到广泛应用
奥古斯塔斯·皮金（Augustus Welby Northmore Pugin）	英国	1840's	抵制输入历史风格，而倾向于精致的手工制哥特风格，模糊建筑与手工艺的差别。通过地方材料与传统做法来对抗流行风格
约翰·拉斯金（John Raskin）	英国	1849年	《建筑的七盏明灯》发表。约翰·拉斯金站在道德高度上重点探讨了哥特风格和乡土风格的吸纳问题，强调建立在手工艺基础之上的作品体现出的非完美性、原生性、多变性

1　卢健松. 建筑地域性研究的当代价值［J］. 建筑学报，2008，7：16. 有删减.

人物	地点	时间	主要观点
威廉·伊登·内斯菲尔德（William Eden Nesfield）	英国	1860's	担心工业运动将地方建筑一扫而光，在英国肯特郡（Kent）、萨里郡（Surrey）、萨塞克斯郡（Sussex）进行地方建筑基础资料收集。在旅途中认识到了农舍、店铺的美，进而在设计实践中倾向这种不张扬的美
菲利浦·韦伯（Philip Webb）	英国	1859~1860年	"工艺美术运动"（Arts and Crafts Movement）的代表作"红屋"（Red House）建成
—	美国	1870~1910年	芝加哥学派的活跃时期
工艺美术运动的建筑师		1890's	以"受训建筑师应当通过现场实践向老一辈工匠学习"的观念反对英国皇家协会标准化的教育体系
—	美国	1890~1917年	美国"湾区学派"发展的第一阶段。有研究将"湾区学派"的活动划分为三个阶段，其他两个阶段分别是，第二阶段为1928~1942年，第三阶段为1940~1970年
威廉·莫里斯（William Morris）	英国	1877	建立古建筑保护协会（SPAB，Society for the Preservation of Ancient Buildings）
—	芬兰	1870's	芬兰文物收藏者协会组织建筑师考察当地建筑
威廉·理查德·莱瑟比（William Richard Lethaby）	英国	1884年	建立艺术者工作协会，回归中世纪的建造实践，认为图纸会妨碍工匠们的工作，工匠应该真正成为建筑细部的主人
赫尔曼·盖塞林斯（Herman Gesellins）、阿马斯·林德格伦（Armas Lindgren）、埃列尔·萨里宁（Eliel Saarinen）	芬兰	1900年	芬兰民族浪漫风格的代表，合作1900年的巴黎博览会芬兰馆
查尔斯·罗伯特·阿什比（Charles Robert Ashbee）	美国	1900年	英国工艺美术设计师查尔斯·罗伯特·阿什比到美国演讲，结识了赖特（Frank Lloyd Wright），影响了草原建筑的产生
保罗·舒尔策·诺姆伯格（Paul Schultze-Naumburg）	德国	1904年	组建"本土保卫联盟"（the Bund Für Heimatschutz），反对大城市文化，倡导建筑使用地方材料，旨在维系传统的生活方式。30年后，成为纳粹建筑种族主义适用的原则，以德国的乡土性住宅为基础，为纳粹提供了大量的住房
赫尔曼·穆特休斯（Hermann Muthesius）	德国	1905年	赫尔曼·穆特休斯的《英国住宅》一书在柏林问世，"像今天的英国人那样忠实坚持我们自身的艺术传统，像英国人那样在住宅中可爱地展现我们的风俗习惯"
—	英国	1905年前后	工艺美术运动的建筑师的观点从乡土主义转向古典主义

续表

人物	地点	时间	主要观点
弗兰克·劳埃德·赖特（Frank Lloyd Wright）	美国	1906年	"罗比住宅"（Robie House）建成，推动了草原学派的发展
—	美国	1909年	弗兰克·劳埃德·赖特离开橡树园，草原学派走向古典主义
拉格纳尔·奥斯特伯格（Ragnar Östberg）	瑞典	1909~1923年	斯德哥尔摩市政厅设计

2.1.2 现代建筑国际式风格的批判

2.1.2.1 现代建筑国际式思潮的反思

国际式盛行的同时，在理论和实践上存在着一种与之相对立的潮流。国际式并不能代表现代主义建筑运动的全部，仍有一些现代主义的建筑师创作了富有地域色彩的建筑作品，如北欧的建筑师们就历来关注建筑的地方性问题。

20世纪20年代，伴随着对新时代、新技术及其所蕴含的新精神的向往，开始了具有划时代意义的现代主义运动。如1919年格罗皮乌斯设计包豪斯校舍（Bauhaus，1919—1933），柯布西耶等人于1920年创立《新精神》杂志，1923年《走向新建筑》一书出版，1928年柯布西耶设计萨伏伊别墅；1929年密斯设计巴塞罗那德国馆等。

这些功能主义（Functionalism）、理性主义（Rationalism）或现代主义（Modernism）的建筑以建筑功能为中心，注重建筑空间的塑造，注意发挥材料的结构特性，追求标准化，强调经济性，废弃表面的虚假装饰。现代主义以社会的进步为价值取向，对建筑设计的合理性进行诠释，即功能、概念、逻辑、经济的理性。但由于现代建筑的极端和偏颇，它随后发展成了一种普遍的风格，于"二战"后在全球范围内日益蔓延，并最终导致了千篇一律的"国际风格"（International Style）的泛滥。国际风格忽视了建筑根深蒂固的"地区性"特征，割裂了建筑与其特定的建造场地、历史文脉间的辩证关系，在某种程度上损害了建筑的场所感和人类心灵的归属感。面对地区文化特殊性的丧失和地区传统的日渐消退，建筑界开始对现代主义建筑运动基本的出发点中的偏颇和过激进行反思。

现代主义与地域主义这对矛盾的统一体开始纠结在一起。由于初期现代主义自身的原则隐含了一些诱发地域性的因素，如强调真实性和功能的重要性等。因此我们可以看到，R. 诺依特拉这位现代主义大师成功地将现代主义与美国西海岸特征结合在一起，形成了"海湾风格"；北欧建筑师也开始转向现代主义。而在意大利，由于历史积淀与工业化水平弱于其他西欧国家，加上本国统治阶层的作用等诸多因素，促成了带有意大利地域特征的理性主义的诞生。

2.1.2.2 芒福德与"加州海湾地区形式"

最早的地区主义理论的提出应追溯到20世纪30年代，美国的刘易斯·芒福德（Leuis Mumford，1895—1990），他把美国东部建筑师H.H.理查森批判地对抗"专制"的学派建筑的作品解释为地区主义建筑。"二战"后，芒福德的地区主义理论集中表现在对根植于现代主义建筑运动的国际式的批判。

1947年，L.芒福德在《纽约客》（The New Yorker）杂志的专栏中对20世纪30年代的国际式建筑运动提出批评，反对建立在机械美学基础上的功能主义，认为那是"走了样的现代主义"。芒福德提出了被威廉·威斯特（William Wurster）和他的助手称为"现代主义的地域和人文形式"的所谓"加州海湾地区形式"（Bay Region Style），他称赞威斯特的作品是"对地形、气候及海湾生活方式的一种自由自在但又谦逊的表达"[1]。芒福德说："这种海湾形式实际上是东西方建筑传统的交汇，一种世界的式样，远比1930年来所谓国际式要真实，因为它允许区域的选择与改进，其中有些好的例子，立即变为地域的、通用的传统，并已经在新英格兰建造起来"[2]。这篇文章引起了强烈的反

1　吴良镛. 乡土建筑的现代化 现代建筑的地区化——在中国新建筑的探索道路上［J］. 华中建筑，1998，1：2.

2　吴良镛. 乡土建筑的现代化 现代建筑的地区化——在中国新建筑的探索道路上［J］. 华中建筑，1998，1：2.

响，挑起了1948年2月在美国纽约现代艺术博物馆举行的关于"国际主义"与"地区主义"的公开辩论。他提出了新的地区主义的范例，认为美国加州的"海湾地区的建筑形式"远比国际式更具通用性、真实性，是一种"具有地域和人文形式的现代主义"。这种"地区形式"的提出，发起了"地区主义"和"国际形式"的辩论，并不断展开和深化。

美国西海岸在20世纪四五十年代这个时期形成了海湾风格。同时期的斯堪的纳维亚地区的新经验主义，意大利的新现实主义也开始关注人文的问题、英国兴起的新城运动等，在创作中运用经过变形的富于装饰意味的地方传统语言，创造出富有传统意味的建筑、城市景观。

2.1.2.3　TEAM X的"杜恩宣言"

TEAM X修正了纯理性主义的教条，强调现代城市规划中的地域特征和人的精神方面的功能。在其理论影响下，当时英国出现了许多强调地方性和心理功能的公寓住宅，如公园山公寓（Park Hill，Sheffield，1961）。

1953年法国会议上，以A.史密森和P.史密森夫妇、A.范·艾克为代表的一批人向《雅典宪章》中的城市四大功能（居住、工作、游憩和交通）提出挑战，他们不满意老一代建筑师们停留在改良的功能主义上，认为城市面貌应有较为复杂的图形，以满足对城市可识别性的要求。成立了由第九次会议的积极分子组成的小组TEAM X。

1954年，TEAM X的《杜恩宣言》针对《雅典宪章》提出了以人为核心的城市设计思想，重视人与环境的关系，始终把人放在第一位。他们反对"功能城市"的理论，提出了一种更为复杂的模式来代替对城市核心区的简单化模型，认为这种模式更适应于人们对特征性的需求。

2.1.2.4　斯特林与厄斯金的理论探索

1957年，英国的斯特林（James Stirling）著文《论地域主义与现代建筑》，他还将柯布西耶和密斯·凡·德·罗（Mies van der Rohe）相比较，如运用地方传统技术的住宅设计及在印度等发展中国家的建筑创作，认为柯布西耶在"二战"后设计思想的转变较为丰富有趣，较易与大众文化相结合。

斯特林更明确地将"地域主义"与他称之为"所谓具有强烈的纪念性和新折中主义色彩的国际式"相提并论,主张考虑现实技术和现实经济的"新传统主义"[1]。

　　1959年CIAM的奥特卢(Otterlo)会议上,瑞典建筑师厄斯金(Ralph Erskine)从地理和人文的角度阐述了他对地区主义的看法。他认为瑞典的气候条件促使他在现代建筑普遍性的可能范围内寻找一种特殊的解决办法。这里出现了一个重要的转换,地域主义的方向不再为狭隘倒退的民族主义所左右,而是融入近现代建筑的整体发展中,这是地域主义思想的一个质的进步。尽管厄斯金阐释的地区主义还未曾立足于既定环境的历史文化内涵,但是他明确提出了建立一种"邻里感",一种"在自己的地理环境中确立自我的感觉"[2]。现代主义的理性精神日渐受人质疑,那种以现代工业文明为依托,融合古典理性、实用主义和近代科学思维等的现代建筑日渐变异、软化。人的情感因素,文化、地域的个性特质等"非理性"的因素逐渐受到尊重。这种人性的设计哲学可以说是非理性的,这也促使文化价值观的取向日渐走向多元。在这种背景下,对各地域民族文化的价值在20世纪60年代进行了重新认识,地方主义理论渐渐发展起来。

　　现代建筑国际式风格的批判,见表2-2。

对现代建筑的反思[3] 　　　　　　　　　　　　　　　　　表 2-2

时间	人物	事件
1951年	刘易斯·芒福德 (Lewis Mumford)	提出"湾区学派",认为国际风格可以被地方风格取代
1955年	勒·柯布西耶 (Le Corbusier)	1950~1955年,朗香教堂(La Chapelle de Ronchamp)建成

1　李晓东. 从国际主义到批判的地域主义. 建筑师,65期,中国建筑工业出版社,90.
2　转引自张彤. 整体地区主义建筑理论研究. 东南大学博士学位论文,1999:140.
3　卢健松. 地域建筑研究的当代价值 [J]. 建筑学报,2008,7:18.

时间	人物	事件
1956年	—	安德里亚·多利亚号邮轮（Liner Andrea Doria）在楠塔基特（Nantucket）近海沉没，斯坦·艾伦（Stan Allen）视之为现代主义者的理想在战后沉没的年代
1956年	Team X	在杜布罗夫尼克（Dubrovnik）召开CIAM第十次会议，CIAM退出历史舞台
1961年	—	纽约大都会博物馆举行讨论会，主题为"现代建筑：死亡或变形"
1961年	简·雅各布斯（Jane Jacobs）	《美国大城市的死与生》（Death and Life of Great American Cities）一书出版
1962年	史密森夫妇（Smithsons）	《十人小组的思想》（Team X Primer）
1963年	勒·柯布西耶	1951~1963年昌迪加尔（Chandigarh）的重要建设完成
1964年	伯纳德·鲁道夫斯基（Bernard Rudofsky）	"没有建筑师的建筑"（Architecture without Architect）展览在纽约现代博物馆举行
1966年	罗伯特·文丘里（Robert Venturi）、丹尼斯·斯科特·布朗（Denise Scott Brown）	《建筑的复杂性与矛盾性》（Complexity and Contradiction in Architecture）一书出版
1966年	阿尔多·罗西（Aldo Rossi）	《城镇建筑》（L'Architecture Della Città）一书出版
1968年	—	巴黎爆发"红五月风暴"
1972年	黑川纪章（Kurokawa Kisho）	东京银座"舱体大楼"（Nakagin Capsule Tower）建成
1972年	山崎实（Minoru Yamasaki）	美国圣路易斯安娜城，雅玛萨奇设计的一座公寓被摧毁。查尔斯·詹克斯（Charles A.Jencks）认为，这宣告了现代主义的死亡
1972年	罗伯特·文丘里、丹尼斯·斯科特·布朗	《向拉斯维加斯学习》（Learning from Las Vegas）一书出版
1972年	伦佐·皮亚诺（Renzo Piano）、理查德·罗杰斯（Richard Rogers）	蓬皮杜文化中心开始建设
1973年	马斯莫·斯格拉里（Massimo Scolari）	《建筑理性》（Architettura Razionale）一书出版
1976年	布伦特·布罗林（Brent C. Brolin）	《现代建筑的失败》（The Failure of Modern Architecture）一书出版
1977年	查尔斯·詹克斯（Charles A Jencks）	《后现代建筑语言》（The Language of Post-Morden Architecture）一书面世
1977年	伦佐·皮亚诺、理查德·罗杰斯	蓬皮杜文化中心完工
1977年	彼得·布莱克（Peter Blake）	《形式跟随参数——现代建筑何以行不通》（Form Follows Fiasco: Why Modern Architecture Hasn't Worked）一书出版

2.1.3 地域主义理论与实践及其发展

2.1.3.1 地域主义理论

地域主义产生表现为对统一现代文明的对抗。它与各地区文化个性的觉醒密切相关，其基本理论是建立在对现代主义的自然环境观、建筑文化观和技术观的批判基础之上的。它既不是指那些结合当地气候、田园和神话的民间风格，又不同于一般大众的、怀旧的地区性倾向。

地域主义在随后的发展中关于地方性的探索主要有两个倾向，即乡土主义和现代地区主义[1]。现代地区主义与乡土主义，二者在地方性表现的出发点上不同。现代地区主义可适用于所有的建筑类型，而乡土主义建筑仅局限于那些世俗的平民建筑。

（1）乡土主义

乡土建筑在传统意义上是长期集体生产的结果，它反映了有居民参与下的建筑与环境创造。乡土建筑的创作实践大体分为两种趋向：保守式（conservative attitude）乡土主义和意译式（interpretative attitude）乡土主义或新乡土主义。这两类乡土主义给乡土建筑的形式及空间带来了新的、现代的表现方法。

保守式乡土主义更多地出现在第三世界国家。在居住环境恶化、经济水平落后等情况下，建筑师试图利用传统的技术工艺以及地方廉价材料与劳动力发展当地传统民居，以改善当地人民的居住生活水平，促进传统地域文化的延续。最有代表性的建筑师有哈桑·法赛（Hassan Fathy）。

哈桑·法赛是保守式乡土主义最重要的贡献者。他将半个多世纪的职业生涯贡献于乡土风格建筑传统的研究，他重视濒临消失的建筑传统并致力于其复兴，坚定地吸收社会公众力量，同时创新地将建筑师的智慧与设计才能引入其中。他珍视传统的材料、技术与建筑艺术，并通过其工作赋予它们新

1　单军. 建筑与城市的地区性［D］. 清华大学博士论文，2001：63.

图2-10　新高纳村清真寺的屋顶和穹顶

的生命和意义。尽管法赛最初在乡村聚落的尝试并不成功，当地人由于对同时代的价值与目的的曲解，他们认识不到法赛所赋予他们的居住环境的意义。然而，这种完全用当地的材料和技术建成的严谨而复杂的建筑设计却为后人树立了典范。后来法赛在采用同样方法的基础上，用更为耐久的石材代替了泥土，这不仅使其更具可行性，也使他有机会表现最好的传统建筑工艺。他所倡导的设计理念也在世界范围内得到巨大的反响，成为一种可行的具有影响力的建筑方法（图2-10）。

　　意译式乡土主义也称为"新乡土主义"（new vernacularism），它是赋予乡土建筑以新的、现代的功能从而使其获得新的生命力的一种方法，这一方法广泛地应用于那些旅游及文化建筑类型中。在旅游者短期度假期间，这种地方性的乡土建筑成为其所期望的氛围和环境的一个不可缺少的组成部分。因此，旅游建筑就成为新乡土主义的一种最先的实例。由于现代化的舒适性、易于建造与维护是其必不可少的重要特点，因此它们往往运用了一些与地方性无关的技术，例如基础设施、采暖、空调和其他技术服务设施。在此情况下，建造往往只是为了表现地方性的形式与形状，而文化也仅仅局限于对过去的回忆与民间的传说。尽管它由于更注重外观形式的塑造而存在许多问题，但考虑了地方文化背景的新乡土主义毕竟创造了一种令人轻松的环境，它们也有助于拓展一种根植于某一特定文化的建筑传统的现代建筑语汇。

（2）现代地域主义

与乡土建筑论注重从建筑客体的角度出发不同，地区建筑论则更强调地方性是建筑师主观的创造成果，是地区建筑师主观中带有对当地的感情以及对本地区自然环境的认识等。现代地区主义建筑创作可分为具象地区主义和抽象地区主义两类。

具象地区主义包括那些模仿本地区建筑外观、构件或整个建筑所有地区性表现的方式。当这些建筑被赋予一些具有象征意义的精神价值时，由于它们与其本源的价值相关联，其新的形式就变得更有存在的意义。在这种方式中，对时代的排斥与接受的双重共存构成了一种"矛盾的"混合体。建筑的时代性由于对现代化的认识，更进一步说是对现代材料和建造技术的认识而被接受，然而，建筑的形式与空间组织则通常都是属于过去的。具象地区主义从一种具有思想性的折中主义到一种毫无价值的模仿，其间包含了极为广泛的价值范畴。

抽象的地区主义是由过去的建筑中抽象出一些元素并衍生出新的建筑形式的地区性表现形式。它主要是展现建筑的一些抽象的特性，例如建筑的体积、实与空、比例、空间感、光的运用以及新的形式中结构的法则等。它也尝试一些文化问题，即从设计元素的角度确定某一特定地区的主导文化。例如印度建筑师查尔斯·柯里亚（Charles Correa）和R.里瓦尔的作品，伊拉克建筑师创造出与伊拉克建筑传统相关的一种明确的"立面主义"作品等。

近年来建筑理论的发展中，乡土建筑论与地区建筑论有合流的趋势。[1]地区主义者注重从传统民居中吸取营养、获取灵感，将主客观结合起来。无疑这是更具宽容性地看待地方性问题。值得重视的是许多学者并不以狭隘、封闭、停滞的眼光看待地域主义，而是从文化沟通、社会发展进步中提出了所谓"批判的地区主义"。也有人提出了"世界——地区建筑"[2]和"当代乡土"[3]的概念。

2.1.3.2　现代地域主义实践

现代地域主义的实践表现多样，以下列举不同地区的建筑师在这一方面的理论与实践探索。

（1）加泰隆的民族主义运动。它是公开反中心的地域主义（anticentrist regionlism）的范例。这个组织以 J. M. 索斯特斯（J.M.Sostes）和 O. 博依加斯（O.Bohigas）为首，他们一开始就发现自己处于一个复杂的文化环境中。一方面，它有义务复兴"二战"前西班牙理性主义和反法西斯的价值观和秩序；另一方面，它又有要唤起一种能被广大公众所接受的现实的地域主义的政治责任。博依加斯首先在于1951年发表的《一种巴塞罗那建筑可能性》中公开肯定了现代地域文化无可避免的杂交性特征。其风格首先表现为早期的加泰隆的砖的传统，而后是受诺依特拉和新造型主义以及新现实主义的影响，后者在建筑形式上表现为百叶、窄窗和宽挑檐等。

1951年，柯德赫（J. A. Coderch）设计的ISM公寓（图2-11），用全高百叶和薄挑檐的"传统"表达，表现出地中海式的现代砖石乡土风格。在以后相当长的时间里，这种风格主导了巴塞罗那现代建筑的方向，砖红色成为巴塞罗那城市最具特征的色彩。

另一位加泰隆建筑师里卡多·博菲尔（Ricardo Bofill）继承并发扬了这一风格。1964年的尼加拉瓜巷公寓（图2-12）体现了他对砖砌构造及其表现力

1　吴良镛. 广义建筑学导论［J］. 建筑师第36期，1989：34.

2　吴良镛. 乡土建筑的现代化，现代建筑的地区化［J］. 华中建筑，1998，1：2.

3　［新加坡］林少伟. 单军摘译. 当代乡土——一种多元化世界的建筑观，世界建筑，1998-1：64-66。

图2-11　ISM公寓外貌　　　　图2-12　尼加拉瓜巷公寓　　　　图2-13　瓦尔登7号公寓

的充分理解和熟练把握，1975年的瓦尔登7号公寓（图2-13），也表现出一种强烈的场所感，强调了加泰隆的民族特性和地域风格。

（2）现代地域主义理论与实践在美洲也不断得到发展。这一地区最值得注意的是汉弥尔顿·哈里斯（Harwell Hamilton Harris）于1954年在俄勒冈州尤金召开的美国建筑师学会西北地区委员会会议上所做的报告《地域主义和民族主义》中，首次提出了要对限制性和开放性地域主义进行恰当区分：与限制性地域主义相反的是另一种地域主义——开放性地域主义。这种表达特别强调要保持与时代涌现的思想合拍。这种地域精神更为觉醒、更为开放，其价值在于它对外界世界的意义。[1]哈里斯列举了新英格兰的例子，认为在那里欧洲现代主义遭遇到一种僵硬和限制性的地域主义，它首先是抵制，然后是投降。在自己的地域主义还原为一堆限制的时候，全盘接受了欧洲现代主义。

（3）提契诺学派。瑞士，由于复杂多变的地理形态和传统的语言文化分区，其各地的建筑遗址具有明显的地方性倾向。瑞士南部的意大利语省区提

1　［美］肯尼斯·弗兰姆普敦. 现代建筑——一部批判的历史［M］. 张钦楠等译. 上海：生活·读书·新知，三联书店，2004：362.

契诺（Ticino）位于阿尔卑斯山和隆巴底平原之间。其传统具有双重源泉：其一是阿尔卑斯山区的乡土传统，其中包括木构的工艺和因地形复杂多变形成的缘地性；其二是来自意大利北部隆巴底文化的直接影响，其中包括悠久的砖石工艺传统和20世纪的现代建筑，尤其是意大利理性主义的理论和实践。

提契诺在20世纪50年代的实践，不仅是"二战"前意大利理性主义的延续，更是深受弗兰克·劳埃德·赖特作品的启发，主要表现在对建筑有机的关注，即将现代文化的价值与地方传统自然交织在一起。[1]认为地方文化的力量在于它能够把本地域的艺术和批判潜力加以浓缩，同时又对外来影响进行整合和再阐释。

马里奥·博塔（Mario Botta）的作品在这方面是典型的。他的作品有两个方面可以被视作是批判性的：一方面，他始终关注着"建造场所"的观念；另一方面，他坚信历史城市的失落可以通过微型城市来补偿。提契诺地理环境的巨大差异造成土壤分化，提供了丰富的材料。博塔设计的作品多为立方体、圆筒形或塔形，采用红砖、混凝土和金属材料，并采用与之相关的象征性手法，总是使人体验着乡村环境和高雅形式的美妙结合（图2-14）。博塔从优美的山地住宅原型中提炼出望塔、干粮仓等主题形式，在他的作品中传统的砖石材质得到全新的诠释，厚重、封闭的墙体映射出托斯卡纳（Tos-cana）主义传统。

（4）日本现代建筑的地域性表达。日本现代建筑在前期寻求与传统形式相结合的代表作品，是丹下健三（Tange Kenzo）在1958年完成的香川县厅舍和菊竹清训（Kikutake Kiyonori）在1963年完成的出云大社行政楼。从作品中可以解读当时设计师对地域性的理解和对传统积极开放的态度。20世纪70年代后，日本第二代现代主义建筑师已经不满足于传统与现代结合的形式层面，如黑川纪章的"共生"理念。他反对以西方的价值观和准则为唯一依

1　［美］肯尼斯·弗兰姆普敦. 现代建筑一部批判的历史［M］. 张钦楠等译. 上海：生活·读书·新知，三联书店，2004：364.

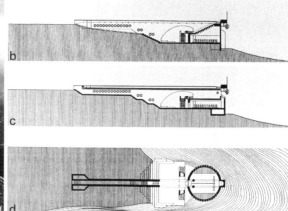

图2-14　圣玛丽亚教堂
a. 入口平台
b、c. 剖面
d. 平面

据，倡导具有不同根源的不同文化的多元共生。共生哲学是扎根日本文化的
思想，是以不同文化的共生为基础的价值体系。黑川纪章所设想的建立在共
生哲学基础上的建筑，是通过既深深地扎根于自身的历史与文化，又努力融
入异质文化要素这样一种方法完成的。[1] 黑川纪章在表达国际性和地区性文化
的关系时论述道："我并不支持用传统主义或种族主义去反对现代建筑的普遍
性。但我确信创造一种新的国际主义的时刻已经来临。"在其中，保持自身特
征的地区文化与另一种文化的价值体系相互冲击，相互影响，从而产生出新
的、与众不同的、富有个性的文化。[2]

　　在日本最具有地域意识的建筑师安藤忠雄（Ando Tadao）的理论著作体
现出明显的批判的地域主义倾向。在《从自我封闭的现代建筑走向普世性》
一文中，安藤认为设计应当是将开放的、普世的现代主义所发展的语汇和技

1　郑时龄，薛密. 黑川纪章［M］. 北京：中国建筑工业出版社，1997：17.

2　黑川纪章. 模糊、不定性及中间领域［J］. 吴焕加译. 世界建筑，1984，6：99.

图2-15　姬路文学院
a.外观
b.庭院

术，应用到一个有个性的生活方式及有地域差别的封闭领域中去。他注重混凝土材料整洁和具有均匀性的触觉效果，认为这是"阳光创造表面"的最适宜的材料。混凝土墙体表现出抽象的接近于空间极限的效果，契合了日本民族的性格，这些赋予安藤的作品所谓的自我封闭的现代性观念以更宽广的意义（图2-15）。

（5）发展中国家本土建筑师的多样化探索。发展中国家随着经济地位的日益提高，在文化上积极寻求自我，力图把现代性融入民族性、地域性的文化中。于是地域建筑文化的表现和探索成了很多发展中国家建筑发展的主要方向之一。在这股浪潮的推动下，涌现出了一大批有文化追求的本土建筑师，他们依各自的理解通过不同的方式和途径阐释地域建筑文化的内涵。如埃及的哈桑·法赛，印度的查尔斯·柯里亚、巴克里斯纳·多西，巴西的奥斯卡·尼迈耶（Oscar Niemeyer），墨西哥的路易斯·巴拉干（Luis Barragan）、里卡多·利格雷塔（Ricardo Legorreta），阿根廷的阿曼西奥·威廉斯（Amancio Williams），等等。这些建筑师既是理论家，又是实践家，他们以理论指导创作，又通过实践来探索地域文化的相关研究，从而使他们的研究和创作更具有主观的自觉性，作品也更具有说服力。

图2-16　法赛利用埃及本土材料和建造技术创作的作品
a.清真寺
b.住宅

　　哈桑·法赛是埃及20世纪最具国际影响力的建筑师，1983年国际建协授予他金质奖章时称法赛的建筑实践"在东方与西方、高技术与低技术、贫与富、质朴与精巧、城市与农村、过去与现在之间架起了非凡的桥梁"。他在半个多世纪的职业生涯中致力于乡土风格和建筑传统的研究，并着重于传统低技术的合理发展，以适应当代生活方式的需求（图2-16）。他的《为穷人的建筑》和其一贯坚持的发展地域人文主义建筑传统的思想在世界范围内独树一帜。

　　印度建筑师查尔斯·柯里亚的设计带有明显的地域特征和民族特色。他认识到，对建筑创作而言，印度特有的炎热气候和充足的劳动力都是灵感迸发的源泉，并提出"形式因循气候"的观念。他采用"露天空间"与"大炮"式通风采光口来适应当地传统生活方式的需要（图2-17、图2-18），他对传统文化的深刻理解使其作品具有强烈本土化特征，显得异常动人心弦。他的建筑理论研究是印度独有的、不可替代的。

　　由于拉丁美洲复杂的文化背景，墨西哥建筑师路易斯·巴拉干舍弃了柯布西耶的应用理论和那些国际风格的教育，试图以墨西哥当地特有的植物、水景和单纯的几何学建筑形式表达他的超现实主义理想。他将墨西哥传统建筑形式转化成一种抽象建筑语言。巴拉干设计的墨西哥城郊外的一些住宅作品，如1948年设计的巴拉干Lopez住宅，从居室观花园，形似雕塑的高墙营造

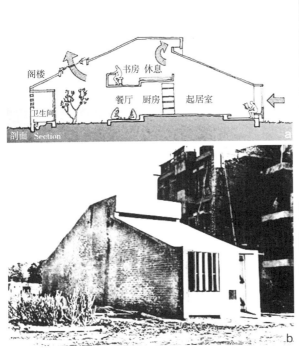

图2-17　管式住宅。印度，艾哈迈达巴德（Ahmedabad）
a. 剖面
b. 外观

图2-18　干城章嘉公寓。印度，
孟买（Mumbai）

出墨西哥人传统、宁静的生活空间，表现出了他地域建筑的特点（图2-19）。巴拉干对色彩的运用具有强烈的个人特色，他擅长于对场地元素的运用，把光与水都融进了他对建筑空间的创作中（图2-20）。巴拉干的地域主义的建筑设计手法对当代建筑师产生了深远的影响。

马来西亚建筑师杨经文在当代建筑地域性设计表达方面也有杰出的成就。他从传统的热带建筑中得到启示，将生态建筑学运用于热带高层建筑中，创造了符合热带地域特征的高层建筑。

这些优秀的本土建筑师用自己的理论和实践对传统的本土文化做出了现代的诠释，丰富和发展了建筑文化。他们的作品不仅在当地具有广泛影响，

图2-19 巴拉干Lopez住宅
a.室内
b.外墙

图2-20 San Cristobal 马厩与别墅,墨西哥州

而且也给其他地区的建筑师带来新的启迪。

地域主义的思想和实践关注的是地区环境的特殊性及其赋予建筑的内在特质。这种特质曾经造就了历史上许多伟大的场所,与生活其中的人们及周围的自然、人文环境水乳交融,在溢发出生命活力的同时,给人以心灵的归属感。

2.1.4 批判性地域主义

地域主义在当代的发展是多种多样的,其中最有活力和最与时代相融合的一种便是"批判性地域主义"。批判性地域主义持一种辩证和批判的态度。它对以全球化和大同文化为主导的现代主义建筑持强烈的批评态度,它也对地方和地域主义,尤其是那种矫情的、浪漫风的和风景化的地域主义持批评态度。它强调场地、地点和地形、地貌在建筑设计中的作用,它也保持了现代建筑进步和解放的思想。这是一种严肃的、具有生命力的、进行自我反思和批判的建筑思想。

2.1.4.1 芒福德的地域主义思想

在谈论地域性建筑理论的开始,不得不首先论及美国建筑理论和批评家刘易斯·芒福德。芒福德的贡献在于他对国际式建筑理论的强烈批评以及他所推崇的地域主义建筑思想。

　　他的著作《棍与石——美国的建筑和文化》（*Sticks and Stones——A Study of American Architecture and Cililization*）（1924）是第一部美国建筑史，题目中的"石"，就是指拉斯金1853年的杰作《威尼斯之石》。这一著作是他针对当时地域主义进一步蜕变成商业的推进器，或是沙文主义的宣传阵地。引用当年拉斯金的话来说，地域主义"成了功利主义谎话连篇的广告宣传"。芒福德重新定义了地域主义的原则，他对比了两种出发点截然不同的建筑概念，即一方面是他所定义的"地域建筑"，而另一方面则是美国20世纪30年代流行的"帝国式建筑"。他批评这种建筑是"扭捏造作的无谓浪费"，"生日蛋糕上涂的糖衣"，"欢快外表的后面，则是单调的街道，平庸而杂凑的建筑物"。他认为这是"花多余的钱在面具上"，这些"皇帝的立面，猩红长袍，假发马刺"正是"帝国主义者对外界的态度"。

　　芒福德进而谴责这是"对土地本来意义的忽视"，把土地不是当作"家园"而是作为"获取利益的手段与投资的对象"，加大了"消耗与贫富差距"，而且制造的建筑也非"为场所与使用者量身定做"。芒福德所谓的解决之道，就是"地域性建筑"——它建立在对"场所"深深的理解之上，源于"科学的成就和真正的民主政治"，而非窒息于"帝国的"机制之中。这样的建筑才能"有效地为人服务"，而不必为"资产阶级的利益""耗尽资源"。

　　芒福德言论的精辟伟大之处在于，他成功地在新的时代背景下重新定义了"地域主义"，并使之脱离唯利是图的商业目的与狭隘跋扈的沙文主义的陋习，而不再以资源的滥用和对环境与经济的漠视为代价。[1]

　　在1951年9月号的《纽约客》杂志上[2]，芒福德对国际风格的代言人希区柯克和现代主义的理论家吉迪翁进行了强烈的批评。在这篇文章中他第一次识别和列出一群当代美国地域主义建筑师，并认为这是一种当地、地域和人道的现代主义形式，比当时的国际风格要高明得多。在国际式建筑发展的鼎盛

1　［荷］亚历山大．楚尼斯，利亚纳．勒费芙尔．批判性地域主义——全球化世界中的建筑及其特性［M］．王丙辰译．北京：中国建筑工业出版社，2007：10.
2　转引自：沈克宁．批判的地域主义［J］．建筑师第111期．2004，10：46.

时期，芒福德第一次提出地域主义来与之抗衡，从而在建筑设计界引起了相当大的震动。

芒福德所强调的地域主义并不是简单的民族复兴主义，而是借鉴了赖特、阿尔托等人的东西，以此来说明国际风格的空洞及无人性。与此同时，芒福德的地域主义具有明显的批判主义倾向。首先，芒福德认为自文艺复兴以来，地域主义总是具有试图将国际化、全球化的建筑置于特殊的地域特征之上的倾向，具有一定的批判性。第二，芒福德的观点不仅对全球化持有批判态度，同时对地域主义也持有批判倾向，而且十分强调地域主义的相对性。因此，芒福德的地域主义被认为是在全球化与地方性之间不断交流与沟通的过程，强调彼此融合而非隔离的地域主义，具有一定的现实性和可操作性。

芒福德的思想与另一位同样强调地域主义的德国哲学家海德格尔的思想有所不同。虽然海德格尔在20世纪50年代的著作中也强调作为"家"的"场所""大地""地方"和"土地"，并将其与机器主导的文化和技术社会放在一起讨论，由此指出由机器主导的文明的危机。在这点上，芒福德与海德格尔是一致的。但是，他们两人的出发点和认识则是完全不同的。海德格尔的"场所""家"和"这片土地"是与一群具有共同种族背景、语言和"灵魂"的独立和封闭的人类族群不可分割的，如果减弱这种联系便会导致衰退。但是对于芒福德来说减弱这种民俗和乡土联系并不会导致衰败，相反它意味着进步。芒福德的地域主义植根于称为美国文艺复兴的浪漫和民主的多元文化主义。因此他反极权的地域主义与海德格尔纳粹式的保守的种族隔离式的地域主义完全不同。海德格尔的思想植根于反现代主义的态度，以及其背后的民粹和批判现代技术的思想。[1]

芒福德的著作构造出了一种多角度、多功能、并且跨学科的方法来塑造环境，以针对"二战"后全球化、后殖民主义和散乱片段的新的社会现实，其中包括独特性、可持续性。同样的问题用战前CIAM和传统地域主义那种简

---

1 沈克宁. 批判的地域主义 [J]. 建筑师第111期，2004，10：47.

单的、一元化的理论，则无法得到有效的解决。20个世纪40至50年代，对批判地域主义思想做出自己贡献的还有诺伯特·维纳（Norbert Wiener）、路德维希·冯·贝塔朗菲（Ludwig Von Bertalanffy）和凡·弗斯特，在他们的努力下，最终才出现了新的、统一于一体的、多维度的批判性地域主义的范例。

芒福德对地域主义的定义有以下几个方面：

（1）芒福德的地域主义脱离了其旧有的形式，他拒绝绝对的历史决定论。他拒绝使用那些不能满足建筑功能的地方材料，他说："地域主义并不是有关使用最现成的地方材料，或是抄袭我们祖先所使用的某种简单的构造和营建形式。"事实上，他赞成如果不能对历史先例加以变通以满足本地区不断变化的需求，就应该彻底抛弃。他进而认为"人们谈论地域主义特征的方式经常是好似将其作为土著特征的同义词，那就是将地方与粗糙、原始和纯当地性相等同。这便犯了严重的错误"。

（2）芒福德论及"回归自然"这个传统地域主义的另一个主题，他仍旧没有固步自封。他反对风景画般的抒情倾向，反对那种对景观采取的纯粹欣赏和审美的态度。对他来说地域主义不仅仅是"场所精神"，地区的形式还是那种最接近满足生活的真实条件的形式，并能够成功地使人们在环境中感受到家的感觉。它反映了该地区文化的目前状况。此外，生态和可持续发展也成为他的地域主义的要点。

（3）他的生态学观点并非是对一切机器文明下意识的反抗。他并不像海德格尔那样彻底地反对机器文明，只要机器在功能上是优化合理并且是可持续的，他便赞成使用最先进的机器，这与传统的地域主义者不同。

（4）对传统地域主义的另一个新的改进，是他对"人类社会群体"的定义。他的地域主义有关社团和社会的定义与传统的地域主义完全不同，他的地域主义社会是多元文化的，而传统地域主义的那种与当地密切相关的单一文化是一种血缘的和部落式的联系。

（5）他并没有将"当地的"与"普遍的"，即"地域的"与"全球的"两种观念对立起来。最可贵的是他没有将地域主义作为对抗和抵制全球化的思想和方法，而是在"地区主义"和"全球主义"之间建立了一种平衡。[1]

芒福德还尝试着利用矛盾而非激化矛盾。地域主义在"独特"与"普遍"之间小心翼翼地走着一条中间的道路。它发现在地域之间，或是在"地域"与"全球"之间，并不一定非得互相排斥。事实上，它们之间在很宽范围内的互益"谈判"，不仅仅是有可能的，而且更是必要的。这标志着人们的认知方式脱离了持续几个世纪之久的、建立在对立原则之上的地域主义样本，变成了我们称之为"接合"的，或是"中间"的状态。1947年在《纽约客》杂志上发表的文章中，他称赞海湾地方风格"将东西方的建筑传统结合在了一起"，他相信"对比20世纪30年代所谓的'国际式风格'来说，这更称得上是一种真正意义上的普遍风格，因为它允许地域上的适应和修正"。[2]芒福德所提倡的地域主义是对地域之间差异性，以及地域和全球之间非对抗性，在一定的范围内表现出互补共益，多元包容的思考。

综上所述，我们不难得出：芒福德在地域主义中发现了相对性的概念。从而与绝对的、毫无通融地拒绝与反对大同和普遍的地域主义倾向相决裂；同时，又与现代主义保持着反思的距离。由此，芒福德的地域主义便可以在地方与全球之间不断交流和沟通，从而能够保持着长久的生命力。

2.1.4.2 楚尼斯的批判性地域主义

希腊建筑理论家亚历山大·楚尼斯（Alexander Tzonis）和夫人——历史学家利亚纳·勒费芙尔（Liane Lefaivre），在1981年首次提出了"批判的地区主义"这个概念。那时，后现代主义在全球的设计思潮中还是绝对的主流，但是有一批欧洲建筑师决定对此说"不"，"批判性地域主义"这个词就是用来描述他们对建筑的态度和设计方法的。

1　参照：［荷］亚历山大．楚尼斯，利亚纳．勒费芙尔．批判性地域主义——全球化世界中的建筑及其特性［M］.王丙辰译．北京：中国建筑工业出版社，2007：27和沈克宁．批判的地域主义［J］.建筑师第111期．2004，10：47整理.

2　［荷］亚历山大．楚尼斯、利亚纳．勒费芙尔．批判性地域主义——全球化世界中的建筑及其特性［M］.王丙辰译．北京：中国建筑工业出版社，2007：27.

　　楚尼斯认为，"后现代"，就像它的名字所暗示的那样，力图修补现代主义由于理想化和过多的规范而导致的失败。现代主义在"二战"后许多城市重建和城市更新项目上都遇到了很多问题，而且弊端显而易见——过分的简化抽象、夸大了的技术以及教条般的设计原则，使得建筑的发展停滞不前。后现代，就是在这个基础上宣称要重新面对历史和文化，并走出现代主义的误区。然而，后现代主义建筑只用了十年的时间就因为它浅薄的外皮，以及没有实质改进的"内核"而被重新和它的先辈"现代主义"归为一类。如伦敦国家美术馆，以及如罗伯特·斯特恩（Robert Stern）设计的美国私人住宅中，后现代主义所谓的重提历史与文化就很是肤浅。就像其先辈现代主义一样，后现代主义所贯彻的，是一种自上而下的，精简归纳的，并且程式化的原则。这就是20个世纪70年代末，楚尼斯提出"批判性地域主义"这个概念的原因。他们关注和赞赏一些年轻建筑师，这些建筑师切实地关心建筑背后那些独特的背景和细节，更重要的是为这些年轻建筑师所持的这种态度提供一个坚实的理论框架。

　　楚尼斯一直强调引用"地域主义"这一概念的目的。他认为，地域主义其实并不是建筑师们的专属名词，而是一个概念，作为分析工具被我们所采用。并且，为了更加精确和直观，在前面加上了康德哲学中的"Critical"，即"批判性的"，以区别于普遍意义上的"地域主义"，以及曾使用过的多愁善感、带有地方偏见而稍缺理性的"地方主义"。

　　"地域主义"这个概念，在这里着重体现了一种展示自身独特性的设计原则，而非"万金油式"的教条。在此之上，还要突出建筑意义上的"批判的检验"———一种寻求思维方式的源泉和它的实际价值。尽管他非常强调引用"地域主义"这一概念的目的，但还是经常会有人把它理解为，虽然加上了"批判性的"，但并非是一种批判的眼光，联想到了旧时沙文主义的观点。

　　为了澄清这个问题，楚尼斯甚至建议用"现实主义"来取代"地域主义"的意义，因为抹掉"re-'gion'-alism"（地域主义）的中间部分，就变成了"realism"，即"现实主义"。众所周知，现实主义很适于表达那种对所属的特殊环境以及独特性的顾及与探究，而非默然地接受教条。

楚尼斯认为，过去的地区主义可以称为"浪漫的地区主义"或"空想的地区主义"。它至少可以追溯到19世纪英国的风景绘画和其对"场所"的追求。它们以"地域的真实性"来反对那种家长式的强加"他地区"因素的观念，它使用那些以民族性为限定的地区建筑元素并对其加以保护。浪漫的地区主义是19世纪针对专制主义与贵族化的世界秩序的政治解放运动的文化上的对应产物。在强调家园同一性的同时，浪漫的地区主义实际上诱发了一种怀旧的建筑。

楚尼斯指出，与早期的地区主义不同，当代批判的地区主义的显著特征不仅表现出一种"对抗性"，如浪漫的地区主义；它也具有一种"批判性"。这从字面上看似乎是个悖论，因为"地区主义"意味着如果不是保守的，便是积极的价值；而"批判的"意味着如果不是激进主义，便是怀疑主义。"批判的"，从这个词的意义上讲，更接近于康德的"批判性"和法兰克福学派激进的论著；它不仅对现实的世界发起挑战，也对那些已有世界观的正确性提出质疑。

地区主义遭受的另一种被利用的形式就是旅游业。被旅游业驱使的地区主义的目的是盈利，虽然与前者的政治目的不同，但所用的方法却是相同的——都是创造一种基于过去的建筑形式。

经过一段时期的争辩之后，地区主义在20世纪70和80年代又以一种重要的建筑趋势的面貌出现。然而它却与过去的那种多愁善感的、表面布景式的、民族主义的地区主义的方法和宗旨不同，同时它也与过去两个世纪地区主义的各种表现中的沙文主义不同。然而，在这两种地区主义之间确有一条共同的线索相联系，目的都是创造一种"场所"的建筑，使人们不感到孤独与陌生；同时地区主义努力创造一种有归属感的、"公众"的建筑。

楚尼斯在分析过程中，尽力把讨论的焦点转向了一场更长远、更重要的问题上，一场现代与反现代的争论。为了不使它游离于历史，他利用了"地域主义"这个历史上早有渊源的词语。事实上，楚尼斯所强调的"地域主义"

是它的客观性。"地域主义"的客观基础是地域的现实存在——各种复杂而变化的地域要素的辩证统一。"在全球化蔓延的今天,'地域主义'的旗帜仍然鲜明,甚至更加光彩夺目。一方面是"全球化干涉"无孔不入的渗透——当然包括在建筑领域,另一方面则是地方特性的挣扎和艰难地延续。"[1]

2.1.4.3 弗兰姆普顿的观点

自楚尼斯夫妇提出"批判的地区主义"之后,美国哥伦比亚大学建筑历史学教授K·弗兰姆普顿(Kenneth Frampton)在 1980年《现代建筑:一部批判的历史》、1982年"现代建筑及其批判的现实"和1983年发表的"走向批判的地区主义:抵抗建筑学的六要点"中,进一步阐述了"批判的地区主义"的观点。1985年在《现代建筑:一部批判的历史》再版时,弗兰普顿在"批判的地区主义:现代建筑和文化认同"中,又对批判的地区主义的特征作了7点新的归纳。

(1)批判的地域主义应当被理解为一种边缘性的实践,尽管它对现代化持有批判态度,但仍然拒绝放弃现代建筑遗产解放和进步的一面。与此同时,批判的地域主义的碎片式和边缘性的本性,又使它得以与早期现代主义的规范性优化和天真的乌托邦思想保持距离。与从奥斯曼到勒·柯布西耶的路线不同,它更倾向于小的而不是大型的规划。

(2)在这方面,批判的地域主义自我表现为一种自觉地设置了边界的建筑学,与其说它把建筑强调为独立的实物,不如说它强调的是使建造在场地上的结构物能建立起一种领域感。这种"场所—形式"意味着建筑师必须把自己作品的实物界限同时理解为一种时间极限——这一界限标志着建造活动的终止。

(3)批判的地域主义倾向于把建筑体现为一种构筑现实,而不是把建造环境还原为一系列杂乱无章的布景式插曲。

---

1 [荷]亚历山大. 楚尼斯、利亚纳. 勒费芙尔. 批判性地域主义——全球化世界中的建筑及其特性[M]. 王丙辰译. 北京:中国建筑工业出版社,2007:2.

（4）可以说，批判的地域主义的地域性表现是：它总是强调某些与场地相关的特殊因素，这种强调从地形因素开始。它把地形视为一种需要把结构物配置其中的三维母体。继而，它注重如何将当地的光线变幻性地照耀在结构物上。它把光线视为揭示其作品的容量和构筑价值的主要介质。与此相辅的是对气候条件的表达反应。批判的地域主义反对"普世文明"试图优化空调之类的做法，它倾向于把所有的开口处理为微妙的过渡区域，有能力对场地、气候和光线做出反应。

（5）批判的地域主义对触觉的强调与视觉相当。它认识到人们对环境的体验不限于视觉。它对其他的认知功能同等敏感：诸如不同的照明水平，对周围冷、热、潮湿和空气流动的感受，由不同体积不同材料所散发的各种香味，甚至是用不同地板装修所产生的不同感觉，人体不自觉地在姿势、步伐等方面做出的调整，等等。它反对在一个媒体统治的时代中以信息替代经验的倾向。

（6）尽管它反对那种对地方乡土传统感情用事的模仿，批判的地域主义有时仍然会插入一些对乡土因素的再阐释，作为对存在于整体内的一些反意的插曲。此外，它还偶尔从外来的资源中吸取此类因素。换句话说，它试图培育一种当代的、面向场所的文化，但又（不论是在形式参照或技术的层次上）不变得过于封闭。因此，它倾向于悖论式地创造一种以地域为基础的"世界文化"，并几乎把它作为完成当代实践的一种恰当形式的前提。

（7）批判的地域主义倾向于在那些以某种方式逃避了普世文明优化的文化间隙中获得繁荣。它的出现说明，最终说来，目前那种由依赖性的、被统治的卫星城包围着的统治性的文化中心之被普遍接受的模式，只是一种不充分的模型，不能用来对现代建筑现状进行评价。[1]

1　［美］肯尼斯·弗兰姆普敦. 现代建筑：一部批判的历史［M］. 张钦楠译. 上海：三联书店，2004，369.

弗兰姆普顿并没有发明批判的地域主义，他仅仅是识别和辨认出这种已经存在相当长时间的建筑世界观和建筑学派。他的"识别"在建筑设计中可以被认为是批判的地域主义的七个方面。

当前，有许多尚未解决的问题和冲突——全球化与地方多样性，国际化与地域性等。批判性地域主义的目的就是以"地域"的概念对建筑进行反思。全球化、国际化很难解释人与生态系统之间那种微妙、复杂与和谐的关系。批判性地域主义所提倡的方法，其价值在于承认自然、社会和某种特定地域文化的独特性，并希望在全球化、国际化的背景下，保持建筑的多样性。

2.1.5　全球—地区建筑论

随着全球性、地区性问题的日益展开，在当今世界信息化和全球经济一体化、"地球村"成为现实的背景下，建筑界也对地区性的理论和实践进行了再一次深刻反思。

在1995年第六届阿卡汗的获奖专辑《超越建筑的建筑学》[1]一书引论的"超越地域的建筑"（Architecture beyond Region）一文中，戴维森对弗兰姆普顿的"批判的地域主义"的某些观点提出质疑。针对弗氏1980年将地域主义突出的文化特征定义为"场所的创造，而它典型模式是'飞地'（enclave）"提出疑问：在全球化背景下"地域是否仍要被界定为一种具有边界的场所？"他的主要观点是认识到在信息社会，地域的特殊性不能无视全球性的存在，换言之，地域性既要保持其自身的特征，又要在观念上超越地区的局限性，即实现一种悖论："一种超越地域的地域性"。

在这类思潮的影响下，近几年西方建筑界有人提出"全球—地区建筑"的思想（即Glocal Architecture，其中Glo指global，全球；cal指local，地区），将矛盾的两个方面结合起来。但这种结合绝对不是简单的"加法"，而是对两

1　Cynthia C Davidson, Architecture beyond Architecture, Academy Editions 1995: p23. 转引自：王育林. 现代建筑运动的地域性拓展［D］. 天津大学，博士论文，2005，17.

者都有深刻的分析。关于全球性、地方性这一对矛盾，总的来讲，两者各有积极的方面，也各有消极的方面，也正由于矛盾的普遍存在，处于矛盾运动中的两个方面相辅相成，永远激励建筑的发展与前进。

全球—地域建筑观的核心思想可以用一句口号来加以说明，即"着眼于世界思考，着眼于地区行动"（Thinking globally, Acting locally）[1]它表明，在新的历史语境下，全球性与地域性已经成为不可独立存在的统一体。

吴良镛教授指出："我们应当把'全球—地区建筑'理解为世界文明的多元化与地区建筑文化扬弃、继承与发展矛盾的辩证统一。既要积极地吸取世界多元文化，推动跨文化的交流，也要力争从地区文化中汲取营养、发展创造，并保护其活力与特色。"[2]

1999年在国际建协20届世界建筑师大会上通过的《北京宪章》，从广义建筑学的高度总结了历史上的地域主义思想。宪章以积极的、批判的眼光看待过去和现在，以最大的热情与冷静的态度展望未来，指出了21世纪建筑的方向，核心思想是塑造可持续发展的优美人居环境。具体的途径是着眼于人居环境动态循环体系的创造。在技术方面，是植根于文化土壤的多层次技术建构，是技术与地方文化、地方经济的创造性结合，不同地域之间的交流不是简单的复制，而是激发地方想象力的手段。在文化方面，提倡建筑文化的和而不同。建筑不仅与地域的历史文化传统相连，而且以创造性联系未来。目标的一致、道路的多元反映了中国的一句老话，"天下一致而百虑，同归而殊途"。《北京宪章》体现了东方哲学辩证思维中的整体思维和综合集成，着重各种思想和观点的剖析和整合，倡导广义的、综合的观念和整体、宏观的思维，为地域主义思想和方法指明了更广阔的前景和道路。

---

1 吴良镛. 乡土建筑的现代化，现代建筑的乡土化——在中国新建筑的探索道路上 [J]. 华中建筑，1998，1: 2.

2 吴良镛. 乡土建筑的现代化，现代建筑的乡土化——在中国新建筑的探索道路上 [J]. 华中建筑，1998，1: 3.

2.2　国内地域性建筑设计理论与实践探索

　　近50年来，中国建筑在地域性方面的追求和探索，被认为是值得肯定的
建筑取向。在邹德侬教授对中国当代建筑的研究中他曾指出，"在中国建筑创
作50年的曲折进程中，有一种成就巨大、尚有局限但前景无限的创作倾向，
这就是中国的地域性建筑……甚至可以说，地域性建筑是中国建筑师最具独
立精神、创作水准最高的设计倾向"。[1]特别是20世纪80年代以后，中国的地
域性建筑的理论与设计实践探索，成为当代建筑创作实践和理论界共同关心
的焦点之一。

　　从收集的文献来看，吴良镛教授是国内较早关注地区主义相关理论的。
他在《广义建筑学》十论中的地区论，分别就"建筑与地区""城市与地区"[2]
作了精辟论述。《北京宪章》进一步论证了建立全球—地区建筑，力图实现
"现代建筑地区化，乡土建筑现代化，殊途同归，推动世界和地区的进步与丰
富多彩"。[3]在2001年举行的建筑与城市文化国际研讨会暨中国建筑学会2001
年学术年会上，来自世界各地的建筑师以"建筑与地域文化"为主题进行了
广泛探讨。对我国地域建筑创作研究十分有益。

　　当代岭南建筑研究始于20世纪50年代，夏昌世、陈伯齐、林克明等诸位
先生针对岭南建筑的形式、风格以及亚热带建筑的隔热、遮阳与通风等问题
发表了一系列文章。其后，岭南建筑创作实践与理论探索不断推进，20世纪
60~80年代，曾在全国建筑界产生强烈的反响。进入90年代，佘畯南、莫伯
治、何镜堂、郭怡昌、林兆璋等人纷纷出版专著，对当代岭南建筑研究做出
总结，有很大的学术价值。佘畯南先生坚持用辩证唯物的哲学观来看待建筑
创作，强调运用矛盾的观点、实践的观点、运动的观点来解决创作中遇到的

1　邹德侬等. 中国地域性建筑的成就、局限和前瞻. 建筑学报，2002-5：4。

2　吴良镛. 广义建筑学导论［J］. 建筑师第36期，1989：33.

3　吴良镛执笔，北京宪章，面向二十一世纪的建筑学，国际建协20届世界建筑师大会，北京
　　1999：4.

问题。[1]莫伯治先生以八个字概括其创作理论，即：求实、认同、复归、沟通。[2]

何镜堂教授提出"两观""三性"的创作理论。他指出，"建筑是地区的产物，社会的综合反映。建筑涉及社会、经济、技术、文化和自然环境的方方面面，必须从整体上把握，促使人与自然和谐，科技与人文同步发展。为人类创造一个最适宜工作和生活人居环境。""建筑的地域性、文化性、时代性是一个整体的概念。地域是建筑赖以生存的根基，文化是建筑的内涵和品位，时代性体现建筑的精神和发展。三者又是相辅相成的，不可分割的，地域性本身就包括地区人文文化和地域时代特征，文化性是地区传统文化和时代特征的综合表现，时代性正是地域特性、传统文脉与现代科技和文化的综合和发展，建筑师应该很好地理解和综合运用建筑的'三性'，强调整体性和统一性，创作有特色的建筑"。[3]"如果大家能在建筑的地域性、文化性和时代性上多下功夫，就一定能出现更多各具特色的好作品"。[4]何教授的创作理论在于其宏观、综合、整体的观念和辩证思维，在现代和传统、全球化与地域性之间探索了现代建筑创作道路。

齐康教授提出"从来地方建筑的发展与保护都和该地区的政治、社会、经济、文化、科技、意识分不开，并有强烈的地区性；地方建筑的发展与保护也总和该地区的自然环境分不开，自然环境与建筑互为影响，留下它们相互作用的痕迹；地方建筑的特点和建筑科技、结构材料、施工技术、管理制度和法规等结合在一起，某种意义上是它们总和的反映"。"研究地方建筑学的创作，要有地区文化演进的认识，要探求建筑意义的原则，注重建筑设置于自然和人工环境的原则，对建筑的本身有着重其机能和效益的原则，看清文脉传统的原则，有观察地方风格时尚对建筑风格情趣的原则，有确定对历史文化建筑保护的原则及探求新科技运用、综合新文化而从事创作的原则。

1 曾昭奋. 佘畯南选集［M］. 北京：中国建筑工业出版社，1997.
2 曾昭奋. 莫伯治集［M］. 广州华南理工大学出版社，1994.
3 何镜堂. 建筑创作与建筑师素养［J］. 建筑学报，2002，9：17.
4 何镜堂. 建筑创作要体现地域性、文化性、时代性［J］. 建筑学报，1996，3：10.

从总体上讲，要从封闭系统到开放系统中认识建筑文化的演进，如果说过去是农业社会、工业社会的地区封闭，那么今天我们要求研究的是开放系统的建筑形态的变化。在两大系统之间有一个转换的系统，它像一根锁链环环相套，随着时间的流逝而突变、蜕变、更替"。[1]

国内地域建筑理论的其他相关研究主要表现为学术期刊上的研究论文、创作实践以及各建筑院校的博士，硕士学位论文。

2.2.1 早期地域建筑的探索

在中国建筑师的创作实践中，借鉴乡土建筑的形式特点和具体做法，很早就自发开始了。今天受到学界普遍重视的《没有建筑师的建筑》一书中认为，"乡土建筑的特色是建立在地区的气候、技术、文化及与此相关联的象征意义的基础上，许多世纪以来，不仅一直存在而且日渐成熟。这些建筑反映了由居民参与的对环境的综合创造，本应成为建筑设计理论研究的基本对象"。[2]但长期以来，人们对以民居为代表的乡土建筑并没有给予学术研究上的重视。

20世纪50~70年代，在由建筑师设计的、具有明显的地域特色的较早建筑实例中，夏昌世设计的广州鼎湖山教工休养所，因地制宜，顺应山势，结合地形，利用当地材料和拆除的建筑旧料，造价低廉，造型朴素，是建筑结合当地条件的早期实例；[3]汪定增主持的上海曹杨新村，建筑布局结合地形，随坡就势，采用适合经济条件和工程条件的建筑做法，采用两坡屋顶，形式简朴。建筑师在没有受到明显的风格影响的情况下，自主地选择了适合当地气候、技术和文化的建筑形式。此后，同济大学教工俱乐部，结合功能、环境因素，外观依据内部空间组合而设计成风格朴素、具有民居特色的建筑形

---

1 齐康. 地方建筑风格的新创造 [J]. 东南大学学报，1996，6B：7.

2 转引自：吴良镛. 广义建筑学 [M]. 北京：清华大学出版社，1999.

3 夏昌世. 鼎湖山教工休养所建筑纪要 [J]. 建筑学报，1956，9：45.

式，尺度适宜，与周围环境协调；[1]林乐义设计的青岛一号俱乐部小礼堂，运用新的结构形式，同周围环境很好地融合，大量运用地方建筑材料；莫伯治等设计的广州矿泉客舍，建筑与当地气候条件、场地状况密切结合，借鉴当地的园林特色，成为颇具魅力的建筑；尚廓等设计的桂林芦笛岩风景建筑，吸收广西民居的特点，以钢筋混凝土取代木结构，形成与当地环境以及民居十分谐调的建筑。这些建筑设计实例，结合当地实际，因地制宜，在建筑平面布局和内部空间组织上力求适应当地的地形与气候，在建筑形式上不拘泥于某种特定形式，充分借鉴当地有特色的传统民居形式，体现出独特的地域文化特征和识别性。这些建筑也许不及那些大型的城市公共建筑瞩目，但却是这一时期最具活力和特色的一种创作力量——地域性建筑开始出现并发展。邹德侬教授在《中国现代建筑史》中指出，"地域性建筑的发展提出了一个有趣的现象，在当局没有创作口号的情况下，建筑师更能把握建筑的方向，自然流露出建筑的本质"。[2]

　　整体而言，20世纪50年代的地域建筑创作产生于现代建筑和民族形式的争论和冲突的夹缝中，20世纪60年代的地域建筑是在特定的经济不景气背景下的产物，20世纪70年代的地域建筑有赖于政治运动造成的、在建筑管理缺位的情况下非纪念性建筑难得的相对宽松的创作氛围。这一时期地域建筑创作的发展，给我们一个重要的启示，那就是，在不负载文化意义或者意识形态追求的创作氛围中，地域建筑追求反而更容易使建筑具有本体意义。[3]

　　这一时期地域建筑创作的探索始终处在缺少评论关注的自发状态。建筑创作既没有表现出对地域特色建筑的过分追捧，也没有给予批判。由于在建筑创作上没有特定的风格追求，而对运用地方材料、和自然条件相结合、直接向民间学习方面，这些作品超越了对建筑意识形态的追求而具有建筑本体

1　王吉螽，李德华. 同济教工俱乐部［J］. 建筑学报，1958，6：18.

2　邹德侬. 中国现代建筑史［M］. 天津：天津科学技术出版社，2001：320.

3　郝曙光. 当代中国建筑思潮研究［M］. 北京：中国建筑工业出版社，2006：66.

意义上的先进性，是与当地气候、技术、环境、经济和生活方式相结合的产物。因此，具有本体意义上的建筑创作特点。

2.2.2 地域建筑风格的追求

20世纪80年代，具有地域特色的建筑超越自发状态成为建筑界主动追求的一种建筑思潮。

80年代初期的建筑学术研究中，地域建筑创作只是从民居中寻找形式手法，而未能进行基于建筑本体的思考。在实践领域，获1984年建设部优秀建筑设计一等奖的武夷山庄（图2-21）的设计者在谈到武夷山庄的建筑设计时，指出该设计的特点在于，"一、有强烈的地方色彩，这正是旅游者向往和追求的一种乡土情趣，也是外国旅游者心目中寻觅的'异国情调'。二、因地制宜，就地取材，降低造价"。[1]几年以后，在福州西湖"古碟斜阳"景点，设

图2-21 武夷山庄

---

1 杨子伸，赖聚奎. 返朴归真，蹊辟新径——武夷山庄建筑创作回顾[J]. 建筑学报，1985，1: 16.

计者把为旅游服务作为进行地方特色建筑创作的理由，"在这个景点设计中，我们立意追求地方特色是基于这两点考虑：一、它地处福州西湖，并以古代福州西湖十景之一的'古碟斜阳'命名，说明了福州人要求新建的景点要有福州风格。二、它与新建的四星级酒店隔湖相对，作为风景建筑的特殊性，国内外游客也要求它有鲜明的地方特色"。[1]

总体来看，改革开放之初，在建筑创作中如何使建筑具有与乡土建筑在形象上的直观联系，以满足旅游者的视觉需要和审美情趣，成为建筑师考虑的重点。特别是受后现代新乡土主义影响，在设计中往往采用对民居风格简化、抽象化、片段化、杂交等手法，普遍地把追求具有乡土建筑风格作为获得地方建筑特色的有效途径。

20世纪80年代中期，在改革开放不断深入的社会背景下，建筑创作表现出对地域建筑的强烈追求。这是一种文化上的自觉，出自于政治的或文化的目的，具有一定的意识形态色彩。正是在这样的建筑创作背景下，对地域特色建筑的追求更关注外在的建筑形象是否能够继承地方建筑的特色，而很难深入到建筑本体的层面关注地域建筑中所蕴含的技术、空间等内涵。而同时期传入中国的西方后现代建筑思潮中的新乡土主义、文脉主义、符号学等理论也为这种外在表象化的追求地域特色的建筑思潮提供了理论依据和操作手法。

戴复东教授在1983年考察贵州民居时，关注当地挖山、取石、填平的建屋方法，并归结命名为"'挖、取、填'建造体系，认为材料的'土'有地方气息，问题是如何设计，使其符合今天的要求"。[2]这样的认识也超越了当时形式层面的模仿。也有的学者更明确地指出"如何利用地方材料，采用新技术，创造具有地方特色的新建筑，是一个需要重视和解决的问题，万万不可忽视"。[3]由于探究地域建筑文化、技术以及相关生活内涵远远比直接引用表面的形式要复杂困难，因此这样的观点并没有受到足够重视。

---

1 黄汉民. 福州西湖"古碟斜阳"景点创作谈［J］. 建筑学报，1987，3：26.
2 戴复东. "挖""取""填"体系——山区建屋的一大法宝［J］. 建筑学报［J］. 1985，2：60.
3 许云涞，李子夫. 利用自然资源、发展地方建筑［J］. 建筑学报，1985，2：60.

图2-22 菊儿胡同

吴良镛教授在北京老城区中心的菊儿胡同（1989—1991，图2-22）项目中，为老城区设计提供了一种有效思路和方法。也为我国旧城区改造中一些具有历史价值的建筑地段，如何解决"传统与现代""地域性与全球化"之间的平衡关系提供了一种新思路。

"菊儿胡同"新四合院工程遵从北京旧城的空间机理，吸取了旧城传统的空间秩序关系，建筑体量为二至四层，体量尽量避免与旧四合院体量及屋顶关系类似。设计贯彻了有机更新的规划原则，保留了有历史价值的建筑，并修缮了尚可利用的建筑。从历史环境角度看，保持了文脉的延续性，创造了既保护住户私密，又便于邻里交往的居住环境。

冯纪忠教授早在20世纪80年代初规划与设计的上海松江方塔园，因地制宜，因势利导，因陋就简，格调高雅，意境深邃。在方塔园中，冯教授成功地融合西方现代建筑理念和中国传统的文人趣味，深刻地把握或者说平衡了"理性与情感"的关系。

　　他在《方塔园规划》一文中论述道："中国园林的传统在现代园林规划中是具有新的生命力的。通过方塔园规划，我们感到继承传统主要应该领会其精神实质和揣摩其匠心意境，吸取营养，为我所用，不能拘泥形式，生搬硬套。现在造园要满足群众性要求，这就不是简单地将古典园林的尺度放大所能解决了的。江南园林多叠石，现代园林一般面积较大，难以堆叠太多的石山。方塔园以土山为主，运用了草皮和主题树种作为统一全园的底色，吸取英日园林的优点。这都是试图在继承革新的道路上跨出一步，以作引玉之砖。"[1]（图2-23）

　　岭南建筑的实践中，莫伯治、何镜堂教授等规划与设计的西汉南越王墓博物馆（一期，1991年，二期，1993年）在融入传统建筑文化方面做了积极的探索，既表现了两千多年前的西汉文化，又同时吸收、借鉴了世界各地纪念性建筑的共性特点和地域文化传统，同时以一种现代的岭南建筑加以表达，蕴含文化品位，古老而又新颖，体现了鲜明的岭南文化特征。这说明要以动态的、发展的视角对待传统建筑文化，努力寻求传统文化与现代生活的"结合点"，不断探索传统建筑逻辑与现代建筑逻辑、传统技术与现代功能、传统审美意识与现代审美意识的结合方式[2]（图2-24）。

　　遗憾的是，当时对传入中国并得到迅速传播的后现代主义理论中的新乡土主义、文脉主义和符号学等理论普遍存在理解上的深入，以及结合当时的建筑创作环境，这些理论又具有简单易操作的特点，因而成为探索中国建筑地域特色建筑思潮的主要影响因素。后现代建筑理论中对"符号""片断"等的直接"借用"，把地域建筑特色局限在最表象的层面，影响和阻碍了对地域特色的深层探索。其他诸如批判的地域主义思想在这一时期并没有受到广泛的理论与实践关注。总之，基于后现代乡土主义或者符号学等理论的表层理解和做法，成为20世纪80年代地域建筑特色追求的主要途径。而对20世纪50~70年代自发的地域特色建筑创作中所流露的基于建筑本体意义上的地域特色建筑探索没有得到重视和推进。

1　冯纪忠. 方塔园规划［J］. 建筑学报，1981，7：29.
2　莫伯治，何镜堂. 西汉南越王墓博物馆规划设计［J］. 建筑学报，1991，8：28.

图2-23　方塔园
a.外观
b、c.内景

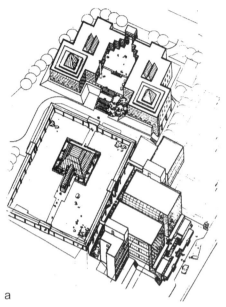

a

图2-24　西汉南越王墓博物馆
a. 鸟瞰
b. 珍品馆入口
c. 主入口及外墙细部

20世纪50年代至20世纪末中国地域建筑设计理论与实践，见表2-3。

中国地域建筑设计理论与实践（1950年代至20世纪末）[1]　表2-3

时间	理论与实践探索	地点	代表作品
1950年代	主流以大屋顶为形式特征，追求建筑的传统性和纪念性	江浙地区	上海曹杨新村、鲁迅纪念馆、同济大学教工俱乐部
		北方地区	北京外贸部大楼、天津大学教学楼和宿舍
		福建地区	集美学校、厦门大学

1　参考邹德侬，刘从红，赵建波. 中国地域性建筑的成就、局限和前瞻［J］. 建筑学报，
2002，5：5；萧默，50年之路：当代中国建筑艺术之路回眸，世界建筑［J］，1999，9：24；
杨葳，中国现代地域性建筑分析［D］. 天津大学，硕士论文［D］，2000：34整理。

时间	理论与实践探索	地点	代表作品
1960年代	社会条件的客观需要和建筑师的创作意向一致	广东地区	北园及泮溪酒家、白云山庄、毛主席故居陈列馆
		风景地带	桂林七星岩、伏波楼等，兰州白塔山公园，青岛一号俱乐部，武汉东湖招待所
1970年代	结合国情、经济条件的地域建筑创作	广东地区	旷泉客舍、少年宫、友谊剧院、广交会展馆、东方宾馆、白云宾馆
		广西地区	南宁民族博物馆、体育馆，桂林邮电休养所，榕湖饭店国宾馆，芦笛岩等风景建筑
1980年代	地域特色的建筑超越自发状态而在建筑界成为主动追求，地域建筑创作超越形式的层面，开始向本体意义回归 ·主动明确追求现代性 ·大城市中体现地域性 ·现代艺术观念的介入 ·地域性融入环境意识 ·发掘地方的绿色技术	福建地区	武夷山庄、南平老年人活动中心、古碟斜阳、厦门大学艺术教育学院、福建省图书馆、福建省画院、长乐县海之梦
1980年代	地域特色的建筑超越自发状态而在建筑界成为主动追求，地域建筑创作超越形式的层面开始向本体意义的回归 ·主动明确追求现代性 ·大城市中体现地域性 ·现代艺术观念的介入 ·地域性融入环境意识 ·发掘地方的绿色技术	江浙地区	花家山宾馆、黄龙饭店、桐芳巷住宅、太湖饭店、无锡新疆疗养院、绍兴饭店、上海西郊宾馆、龙柏饭店、华东电管大楼、上海图书馆、南京大屠杀遇难同胞纪念馆、梅园新村纪念馆、南京夫子庙商业街等、南京邮电大楼、天台赤城山济公院、杭州铁路新客站
		西部地区	吐鲁番招待所，吐鲁番宾馆新楼、迎宾馆，友谊宾馆三号楼，新疆人民会堂，新疆国际展览中心，新疆人大常委会办公楼，龟兹宾馆，西藏博物馆，新窑洞，敦煌航站楼，峨眉山旅游服务部，九寨沟宾馆，贵州老干部中心，西安三唐工程，西安秦都酒店
		广东地区	广州白天鹅宾馆、广州岭南画派纪念馆、广州西汉南越王墓博物馆、深圳大学会演中心，华南理工大学逸夫人文馆
		北方地区	荣成北斗山庄、全国政协北戴河休养所、嵩山少林寺武术馆、沈阳新乐遗址展厅、北京丰泽园饭店、清华大学图书新馆、菊儿胡同新四合院、甲午海战纪念馆、河南博物院、曲阜阙里宾舍
		风景地带	西湖阮公墩、西湖郭庄、江苏省画院、方塔园、合肥环城公园、北京植物园、平度现河公园、漳浦公园、楚文化游览区、青岩山庄、泉州东湖公园、深圳民俗村

2.2.3 地域建筑内在的追求与多元共存

20世纪90年代以后，地域建筑创作超越形式的层面开始向本体意义回归。一方面人们开始反思这样的外在表象化的地域特色。由于停留在形式层面的地域特色追求，使地域建筑成为一种新的流行性设计语言，为了追求所谓的地域性，导致的后果是地域性建筑语汇的混乱和地域性的再度消失。另一方面，随着文化的交流和传播走向全面，多元，世界建筑文化开始展现在中国建筑师面前，开放之初的后现代建筑理论开始受到批判，其他的建筑主张也得以传播。再者，"全球化"和"地区化"成为一个既是全球性的话题也是地区性的话题，具有了世界范围的普遍意义。正是这种民族文化意义上的超越，使得建筑地域性设计才有可能向本体意义回归。这一时期不同于20世纪80年代，其明显特征是对内在的本体意义的地域特色的自觉追求。

在对国外地域建筑理论研究的基础上，对地区主义这一国外重要建筑流派的学术研究开始出现。对批判的地域主义进行介绍较早文献是1992年发表于《建筑师》47期，由李晓东翻译的楚尼斯·勒法芙尔的"批判的地域主义之今夕"[1]；"建筑设计中的地区主义"[2]也是较早的一篇研究成果，它比较系统地论述了建筑设计中的地区主义建筑思想。它既不是指那些结合于当地气候、资源和神话的民间风格，又不同于一般的、大众的、怀旧的风格倾向，其产生和发展与各地区文化个性的觉醒及人类能源意识的提高密切相关，表现为对统一的现代文明的对抗……它不是提倡一种风格，而是一种设计方法与原则。它的创作目的是能给人以有归属感的环境，给人提供理想的"家园"。作者明确指出，地区主义思想与国内的乡土风格、民间风格建筑有明显的不同。

"当代乡土"（Contemporary Vernacular）的建筑观也在中国建筑界得到介绍。"当代乡土的概念被定义为一种自觉的追求，用以表现某一传统对场所和

1　楚尼斯. 勒法芙尔. 批判的地域主义之今夕 [J]. 李晓东译. 建筑师第47期：88–92.
2　狄红波. 建筑设计中的地区主义 [J]. 建筑学报,1993,2：36.

气候条件做出的独特解答，并将这些合乎习俗的象征性的特征外化为创造性的新形式，这些形式能反映当今现实的价值观、文化和生活方式，在此过程中，建筑师需要判定哪些过去的原则在今天依然是适合有效的"。[1]这种观点强调基于建筑本体对乡土建筑特色的把握和提炼。

在国内也开始出现具有原创意义的地区建筑理论。1990年，吴良镛教授提出了"广义建筑学"。"'广义建筑学'是基于面向地区实际需要出发的，而它又是以全人类居住环境建设为依归的建筑学理论……所有的建筑是地区的建筑，从广义建筑观论述建筑的地区问题，既有地区风格的创造，亦不可忽略地区的多种意义的环境问题（自然资源、生态、卫生等）"；[2]1997年，吴良镛提出"发展地区建筑学"[3]；1998年提出"乡土建筑的现代化，现代建筑的地区化"[4]；2002年，他更进一步提出了"基本理念. 地域文化. 时代模式——对中国建筑发展道路的探索"[5]，这些思想都被写进了1999年的《北京宪章》，成为世界性的建筑文件。

从1995年以后，建筑的地域性以及地区主义的研究成为建筑学术研究领域的热门话题，主要发表于《建筑学报》《建筑师》《世界建筑》《华中建筑》等国内主要建筑学术刊物、出版专著和建筑院校的硕、博士论文。对建筑地域性的研究，围绕着什么是建筑的地域性以及如何表达建筑的地域性两个方面展开。对于什么是建筑的地域性，观点并不一致。邹德侬教授认为，"地域性建筑有一些最基本的特征，大体列举如下：回应当地的地形、地貌和气候等自然条件，运用当地的地方性材料、能源和建造技术，吸收包括当地的建筑

1　引自：姚红梅关于"当代乡土"的几点思考［J］. 建筑学报，1999,11：52.另外，在《世界建筑》（9803）也有新加坡建筑师林少伟著，单军译的"当代乡土——一种多元化世界的建筑观"。

2　吴良镛. 探索面向地区实际的建筑理论："广义建筑学"［J］. 建筑学报，1990，2：4.

3　吴良镛. 建筑文化与地区建筑学［J］. 华中建筑，1997，2：15.

4　吴良镛. 乡土建筑的现代化、现代建筑的地区化——在中国新建筑的探索道路上［J］. 华中建筑，1998，1：2.

5　吴良镛. 基本理念·地域文化·时代模式——对中国建筑发展道路的探索，建筑与地域文化国际研讨会暨中国建筑学会2001年学术年会主旨报告［J］. 建筑学报，2002，2：6.

形式在内的建筑文化成就，有其他地域没有的特异性并具有明显的经济性"。[1]

何镜堂教授指出，"世界上没有抽象的建筑，只有具体的、地区的建筑，它总是扎根于具体的环境之中，受到所在地区的地理气候条件的影响，受具体自然条件以及地形、地貌、环境所制约。建筑的地域性，从广义来讲，首先受地理气候、区域的影响……建筑的地域性，从狭义来讲，是指建筑地段的地形条件和周围环境，这是具体影响和制约建筑空间和平剖面设计的重要因素，建筑师如能充分尊重和利用地段的大环境和具体地形、地质条件，结合功能，整合、优选、融会贯通，就有可能创造出有个性和地域特色的优秀建筑作品"。[2]何镜堂教授在建筑创作中更强调建筑地域性的时代精神，他论述道："建筑的时代性体现了建筑作为一个时代的写照，是这个时代社会经济、科技、文化的综合反映。建筑要用自己特殊的语言来表现所处时代的科技成就和人们的审美观。归根结底，是时代精神决定了建筑的主流方向，这是从事现代建筑创作的一个基本点。"[3]何镜堂教授主持的侵华日军南京大屠杀遇难同胞纪念馆扩建工程设计（2005—2007年），有力地表达了他的现代建筑创作思想，作品突出了遗址主题，营造了纪念场所，强调了时代精神[4]（图2-25）。

在"内在的地方——对镇海海防历史纪念馆设计创作的思考"中作者认为，"谈及建筑的地方性，更易使人联想到外观上的图解符号和在物理上与地理、气候的关系。然而我们所提出的地方建筑的探索，应具有建筑在摆脱了受动于地方的低级状态之后，在较高的层次上实现的，和地方的积极的关联。这也要求建筑师超越模糊的感受和形象片断的记忆，仔细研究场所的意义，发现其中潜在的秩序，抓住它并在设计中给予恰当的诠释和充分的表现"[5]（图2-26）。

1 邹德侬等. 中国地域性建筑的成就、局限和前瞻 [J]. 建筑学报，2002，5：4.

2 何镜堂. 建筑创作与建筑师修养 [J]. 建筑学报，2002，9：17.

3 何镜堂. 建筑创作与建筑师素养 [J]. 建筑学报，2002，9：17.

4 何镜堂，倪阳，刘宇波. 突出遗址主题 营造纪念场所 [J]. 建筑学报，2008，3：10.

5 齐康，张彤. 内在的地方——对镇海海防历史纪念馆设计创作的思考 [J]. 建筑学报，1997，3：40.

图2-25　侵华日军南京大屠杀遇难同胞纪念馆扩建工程

　　王小东设计的新疆国际大巴扎（2004—2006年，图2-27）是一个特定环境下的建筑创作。项目基地处于乌鲁木齐民族风情一条街中，要求必须有浓郁的民族地域特色。调研中他发现民族风情一条街的现状是有过于繁乱的"民族形式"的装饰与色彩，所以也反其道行之，用最经典的传统建筑语言和空间构成原理，用最少的符号并尽量与现代化结合，充分发挥建筑群体的力量，营造出既纯粹又丰富的建筑空间。这一建筑的创作意义正在于在传统和现代相结合中突出原创性。他说，地域建筑最精确的体现是一种瞬间的深入，是时间、空间的某一刻的具象化。它和地域环境的联系用千丝万缕来形容绝不过分。[1]

1　赵慧，王晓东. 新疆地域建筑的守候者［J］. 大陆桥，2007，5：22.

图2-26　镇海海防纪念馆　　　　　图2-27　新疆国际大巴扎

　　这一段时间还有许多论文，丰富了地域性建筑的研究。总的来看，对建筑地域性的理解，都超越了20世纪80年代对地域特色的浅表形式，而开始形成了关于建筑地域性的基本观念，集中在以下几个方面：一、地域性是建造活动的各要素与地域之间根本的依存和对应关系；二、地域性更多地来自于人的文化自觉，而不仅仅是依存于物质因素；三、地域性是建筑的一种基本属性，建筑应该自内而外地表现出更本质更内在的地域性特征。[1]

　　而对于如何才能表达建筑的地域特色，研究者也倾注了许多的努力。黄汉民提出，"地方性的延续实质上是一种传承与抛弃相结合的过程，是一种创造与再适应的行为，它要向历史取材，又更适合现代人的需要，它要用现代的手段来秉承自然和地方的人文特质，从而在空间品性上实现地方特色的传承与发展……建筑的地方性，实际上是从地方自然和人文条件中产生出独特的品性。新建筑与今天的人文、自然环境的有机结合，正是在更深层次上表现了地方特色"。[2]

　　翟辉在《从传统民居中找寻地区主义建筑的'根'——以迪庆藏族民居为例》中直截了当地指出，"地区主义建筑不是乡土建筑的'克隆'，也不是

1　郝曙光. 当代中国建筑思潮研究［M］. 北京：中国建筑工业出版社，2006，75.
2　黄汉民. 新建筑地方特色的表现［J］. 建筑学报，1990，8：23.

单纯地对传统民居的某些形式的'提取'，而是要注意追寻那些'根'，那些本质的东西，即那些乡土建筑发展过程中的稳定元素，并且不断地注入新的活力……自然之根和文化之根汇为环境之根。深入发掘地方传统民居的环境之根是设计结合环境，发展地区主义建筑的基础"。[1] "地区性不是或不仅仅是形成某种风格，而更多地表现为一种创造特色的思路和方法……将'地区特色创造'看作是一种创作理念，使我们能有选择地借鉴和吸收外来文化，为我所用，而不是成为某种风格或手法的简单'再传播者'……地区特色的创造注重人与环境的因素，它既源于生活，又高于生活，并赋予特色以普遍的意义，因而具有了更广泛的多样性和持久的生命活力"。[2]

　　曾坚和袁逸倩1998年提出了"广义地域主义建筑"的概念，认为"所谓广义的地域主义建筑，是指利用现代材料与技术手段，融汇当代建筑创作原则，针对某种气候条件而设计，带有某些地域文化特色的建筑。由于这种建筑能够在一些相类似的地区使用与推广，相比传统的地域性建筑有更大的适应性，因而我们称之为广义的地域性建筑"[3]而到了2003年，曾坚和杨威又提出可以用"广义地域性建筑"的观念去概括以往"批判地域主义""当代乡土""新地域主义"等种种称谓，并归纳出广义地域性建筑的哲学特征主要表现在边缘拓展、对立融合以及多维探索三个方面，归纳出"广义地域性建筑"的"再现与抽象""对比与融合""隐喻与象征""生态与数字化"等创新手法。[4]

　　张彤的"整体地域建筑理论"借鉴西方的场所理论，认为"各地区在发展和进步的同时，不约而同地遇到了一个关键的问题：为了走向现代化、参与全球的文明进程，是否必须丧失自我的存在，抛弃本民族、本地区的文化传统？这已经不单纯是一个建筑学范畴的问题，它涉及社会发展的各个方

1　翟辉. 从传统民居中找寻地区主义建筑的"根"——以迪庆藏族民居为例 [J]. 建筑学报，2000，11：26.
2　单军. 寻找特色的泉源 [J]. 建筑师第74期，1997，2：21.
3　曾坚，袁逸倩. 全球化环境中亚洲建筑的观念变革 [J]. 新建筑，1998，4：3.
4　曾坚，杨威. 多元拓展与互融共生——"广义地域性建筑"的创新手法探析 [J]. 建筑学报，2003，6：10.

面，对于正在摆脱落后和贫困，跃跃欲试地接受全球文明挑战的中国尤其具
有现实意义……在这样的认识背景下，我们再提建筑的地方性问题，是试
图从建筑学角度对这一问题作出反应，在吸取现代文明带来的丰富的物质资
源、精神资源和信息资源的同时，切实关注那些存在已久的地区传统文化，
创造具有场所感和归属感同时又是高度现代化的人居环境，为人们提供理想
的家园"。[1]并进一步提出，"迅速的现代化进程破除了落后保守、固步自封的
陈旧观念，但是我们的建筑思想和设计实践却处在一个空前混乱的阶段。在
这样的背景下，我们以冷静、理智的态度重新关注建筑与所在地区的地域性
关联，提出一种整体开放的新地域主义建筑观，提倡建筑在与全球文明最新
成果相结合的同时，自觉寻求与地域的自然环境、文化传统的特殊性及技术
和艺术上的地方智慧的内在结合，不仅具有深刻的理论意义，而且尤其具有
紧迫的现实意义"。[2]

在刘宇波的"建筑创作中的生态地域观"[3]一文中，作者对注重地域特色
表达与注重生态环境保护这两种在当前建筑界有着广泛影响的设计倾向进行
了较为深入的分析，分别对其理论内涵和具体设计实践进行了研究和总结，
结合对世界范围内生态与地域兼顾的建筑实践最新发展的研究，提出了将两
种设计倾向融为一体的生态地域观理论。并在理论研究的基础上，又针对岭
南地区的具体情况提出了符合生态地域观要求的一系列设计模式。

如何使现代技术与地域特色结合，凌世德提出"开放的地域建筑"思想，
认为"正视时代与地域的存在，以开放的精神去分析、研究地域传统精神，
是我们重要的研究内容……我们创造地域的新建筑，不能拒绝先进的现代技
术，更不能把现代技术与地域特色对立起来，而是要寻找一种途径，使现代
技术有利于地域建筑的创造……我们对地域传统建筑的延续、变异、整合与
超越，若能以'表层优化''变异生成''隐性关联'的观念和方法，定能开

---

1 张彤. 建筑是地方的——地方建筑学研究初探［J］. 新建筑，1997，3：32.
2 张彤. 整体地域建筑理论框架概述［J］. 华中建筑，1999，3：20.
3 刘宇波. 建筑创作中的地域观［D］. 华南理工大学，博士论文，2002.

创地域个性化的多元共生之创作道路……地域建筑的'隐性关联'法，应包括两个方面：其一是对地域传统建筑文化的深层把握，这种'深层'不是某些固定的外在格式、手法、形象等，而是一种内在精神；其二则是对地域传统建筑的典型形象、结构和空间模式以抽象和象征的手法进行变异使其具有原形的'隐性表征性'。因此，'隐性关联'既可以在新功能、新技术、新载体的情况下，摆脱与此相悖的旧载体形式的羁绊，解放创作思想，又可以在深层领域取得与民族、地域传统精神的关联，开创高层次的地域新建筑"。[1]

赵钢在分析了埃及哈桑·法赛、印度查尔斯·柯里亚、澳大利亚菲利普·考克斯（Philip Cox）的代表建筑作品及思想后，指出以上建筑大师在发展地域建筑，创造现代地域建筑特色方面，都不是对传统地域建筑的简单模仿、抄袭，而是对其深层内涵的理性传承。他们在创作中都遵循了一个基本原则：尊重环境、尊重历史、尊重当地生活习俗、满足现代生活需求、适应现代社会经济发展。在这个原则下，或是探寻地方建筑技术、地方建筑材料在现代条件下的运用，或是运用现代材料、技术构造方式加以创造性的发挥、发展。这即是地域建筑特色再创造的基本原则和方法。只有这样才能创造出具有浓郁地方特色和时代气息的现代地域建筑来。[2]

与此同时，对中国乡土建筑的地域特色的研究，也开始以西方先进的思想来理解和评判。这些研究中，尽管语言的表述不同，彼此的观念、方法还存在着差异，但开始尝试向本体回归，使地域特色的追求更具有了自觉的意义。

王路设计的浙江天台博物馆（1999—2000），没有把"民族风格"作为设计的追求，而是采用现代主义的手法来表现本土文化的基本精神，并与当代生活相联系。这个设计表达了把"本土文化和世界文明"联系起来的一种尝试（图2-28）。

1　凌世德. 走向开放的地域建筑［J］. 建筑学报，2002，9：52.
2　赵钢. 地域文化回归与地域建筑特色再创造［J］. 华中建筑，2001，2：1.

图2-28　天台博物馆

　　建筑师刘家琨从实际出发，"以低造价和低技术手段营造高度的艺术品质，在经济条件、技术水准和建筑艺术之间寻求一个平衡点，由此探寻一条适用于经济落后但文明深厚的国家或地区的建筑策略"[1]（图2-29）。

　　北京非常建筑设计研究所（FCJZ）设计的北京用友软件研发中心是北京城市发展的一个重点项目。它显示了在一个主要由胡同构成的传统元素高度密集的区域，建设一个新型的与环境相适应且无论从目标、操作和内部组织来说都是高度现代化的信息技术办公大楼是可行的。这个项目汲取了北京传统四合院以及谢德拉克·伍兹（Shadrach Woods）及其同事们共同设计的经验。这种类型的建筑能耗低，对周围环境无不良影响，而其内部从社会品质的观点来看，它鼓励了人们之间的沟通，增强了集体凝聚力（图2-30）。

　　河南安阳殷墟博物馆设计（2006）表现了对文化遗产的尊重以及地方文化表达。设计采用了"回"字形的展厅平面，博物馆出入口，即回形展线的

1　刘家琨. 此时此地［M］. 北京：中国建筑工业出版社，2002：17.

图2-29　鹿野苑石刻艺术博物馆

图2-30　北京用友软件研发中心
a. 模型
b. 立面

首尾两端汇聚在一起，在用地西南侧与遗址区相连接，而建筑主体与东侧的
洹河恰好构成了甲骨文中的"洹"字。这个寓意巧妙的平面暗示了殷墟特定
的地理位置，也象征着孕育晚商文明的这条母亲河。整个设计过程表现出了
对遗址环境的原真性和完整性的维护，对建筑表现的斟酌与克制，和对文物
保护等相关知识领域信息的解读和接纳（图2-31）。

当代地域建筑和谐理念与设计表达

图2-31　河南安阳殷墟博物馆
a.外观
b.庭院

图2-32　汉阳陵帝陵外藏坑保护展示厅
a.鸟瞰
b.室内

　　汉阳陵帝陵外藏坑保护展示厅（2006）设计，从分析文物及地层的关系入手进行构思。鉴于场地现代地面距汉代坑口地面6~7m不等，留有相当的可利用高度，设计采用全地下建设方式。建筑结构上部覆土植草，主入口避开司马道正面，置于东阙门一侧，尽量淡化建筑与环境的冲突，化建筑于无形，保持陵园原有的历史环境风貌和自然景观（图2-32）。

　　地域性建筑的追求，走向内在的自觉，还表现在对地域特色追求本身的反思。郭明卓针对国内地域性建筑设计风格的流行，在"如何理解'地方特色'"中指出，"地域性……只是个别建筑设计面临这一主题时所要考虑的问题。今天，不可能，也不应该作为我国建筑设计的主导思想来加以强调"。[1]

在上述相关理论研究以及建筑师的实践探索中，他们批评现代化，却仍然拒绝放弃现代建筑中的解放与进步的特性。为当代地域性建筑设计的研究，在研究的主体和建筑形式上，提供了丰富的理论基础。

我国建筑界对地域主义的探索，从20世纪50年代的自发，到20世纪80年代的追求，再到20世纪末的内在自觉，地域特色的自觉追求开始以冷静、理智的态度关注建筑与所在地区的地域性关联，不仅自觉寻求与地域的自然环境、建筑环境在形式层面的结合，更注重与地域文化传统在特殊性及技术和艺术上的地方智慧的内在结合。

2.3 本章小结

本章针对地域主义建筑的产生背景、理论发展过程，以及相关理论和建筑实践作品进行分析和研究，从中理解认识国内外建筑历史演进中的地域建筑理论与设计实践。当代中国，对地域性建筑的理论研究与探索已成为主要共识之一。当代建筑在地域性设计表达方面呈现多元化、个性化的特点，在传统与现代、地域性与全球化的关系上，表现为关注原有生活模式与当前生活方式的关联；结合地域建筑文化与当代建筑文化的共存；地域建筑技术与现代建筑技术的综合运用和拓展等，从对立转变为互补、互融的一种非对抗形式。寻求一种具有时代精神的多元的、复杂的、联系的地域性建筑设计理念。

从国内外地域建筑理论回顾与设计实践以及研究的现状来看，地域建筑理论与实践较为丰富，对当代地域性建筑设计需要进行多角度、全面、系统的研究与探索。现阶段大量的建筑实践活动更强化了这一命题研究的意义。本书试图从和谐理念和系统科学的视角探讨当前建筑创作中的地域性建筑设计理论和方法，从而使研究成果具有理论性与可操作性。

1　郭明卓. 如何理解"地方特色"［J］. 建筑学报，2004，1：70.

第三章

基于和谐理念的当代
地域性建筑释义

本章以和谐的概念、地域性建筑及其影响因素为基础，讨论基于和谐理念的当代地域性建筑的内涵与特征，并探讨以和谐理念视角和思维方式思考当代地域性建筑概念的意义。

3.1　和谐的概念

引入和谐理念的目的就是要借助和谐的基本思想和方法认识当代建筑的地域性内涵和特征。对理解现代与传统、全球化与地域性之间的关系，以及建筑活动中主客观因素之间的关系具有现实意义。

3.1.1　和谐的价值

中国传统文化主张的"天人合一"是一种和谐；西方世界的宗教学说，"毕达哥拉斯—柏拉图式"的宇宙观，甚至马克思的社会批判理论，其目的都是为了追求和谐。这是一种理想境界，体现着人类所处各种关系的协调、平等和基于良性循环的社会发展机制与状态。

人们对"和谐"的认识通常带有一种价值取向，认为和谐就是理想中的图景。但严格地说，绝对的和谐是不存在的，作为价值而存在的和谐存在于人们的想象中，更多体现着人们对理想的向往和追求，这种向往和追求是建立在现实依据基础上的。现实依据是客观的存在，脱离了客观存在的理想只能是一种想象。无数的历史案例证明，忽略了对现实条件的认识与把握，就可能带来盲目行动。所以，和谐理念的现实基础是客观存在，这种认识对理解和把握地域性建筑本质有着重要的意义。

3.1.2　和谐的辩证内涵

和谐的概念来源于人类社会实践，是经验与科学相结合的智慧。首先，和谐是以承认差异性、多样性为前提的。认识和理解和谐的概念应承认事物的客观存在，尊重差异，包容多样；其次，和谐是整体性、系统性的。事物作为系统而存在，和谐是系统内部各要素之间、各子系统之间的协调统一；第三，和谐是一个动态渐进的变化过程，是在运动的过程中动态地实现的。和谐的现实基础是客观存在，其本质内涵是辩证的。

许多人理解的"和谐"，就是没有矛盾。但实际上，和谐指的并不仅是"同"，更重要的是"不同"，也就是辩证的统一。孔子说，"君子和而不同"，"小人同而不和"（《论语·子路》）。老子认为"万物负阴而抱阳，冲气以为和"。南宋陈亮提出"理一分殊"[1]的思想，称"理一"为天地万物的理的整体，"分殊"是这个整体中每一事物的功能，试图从整体的角度说明整体与部分的关系。

更有价值的是，中国的先哲们还认识到了和谐的另一个重要的本质属性：和谐是人的思想协调和主观能动作用的结果。孔子认为，"喜怒哀乐之未发，谓之中，发而皆中节，谓之和。中者天下之大本也，和者天下之达道也。至中和，天下位焉，万物育焉"[2]。这段话主要是指人通过自我控制而适当或适度地思考问题和处理问题，就达到了和谐，这样，万物就处于一种有秩序的、协调顺畅的发展状态中。这揭示了和谐的本质属性是人的主观能动价值追求和客观现实相一致。

在西方传统文化中，"和谐"是辩证法极其重要的一个范畴，它反映了事物发展的协调性、完整性和合乎规律性。古希腊哲学家毕达哥拉斯和赫拉克利特认为，对立产生和谐，相反者相成。这是建立在朴素辩证法基础上的和谐。亚里士多德则把和谐看成是整体的统一性和完美性，是多样的统一。亚

1　任继愈主编，中国哲学史，第三册：p273。转引自：钱学森等. 论系统工程［M］. 上海：上海交通大学出版社，2007：38.

2　十三经注疏［M］. 上海：上海古籍出版社，1997.

里士多德还认为人的行为上的中道不是简单、机械、绝对，而是在适当的时候、对适当的事物、对适当的人、有适当的动机和适当的方式来感受这些感觉，也就是既是中间的，又是最好的。[1]由此可见，亚里士多德在这里还渗透了一种和谐需要主体去选择的思想。这和中国的先哲们所认识到的和谐是人对客观现实主观能动作用的结果的思想不谋而合。

如上所述，和谐理念是进行分析与综合的辩证思维工具，其内涵是人的主观价值取向与客观事物平衡一致的结果，这一结果具有多样性、整体性和动态性的特征。和谐理念对我们认识全球语境下的当代地域性建筑有着十分重要的意义。

3.2 地域性建筑及其影响因素

地域性建筑的研究主要从建筑地域性研究的语境、内涵与特征，以及建筑地域性相关概念的比较等方面进行，并从中廓清地域性建筑的内涵与特征。

3.2.1 建筑地域性

建筑地域性研究的语境涉及广义的地域性和狭义的地域性，以及地域性的历时性和共时性。既要认识到各地域政治和文化背景的不同，也要避免狭隘的民族主义或本土主义。

3.2.1.1 建筑地域性研究的语境

1）广义地域性和狭义地域性

地域建筑可以说是人类不同文化体系的一种表述方式。比如，欧洲古代建筑是以宗教为主题的砖石结构；而历史上传统的东亚建筑处于汉文化的辐射圈，以木结构建筑体系为其特征。

---

1 转引自：中共上海市委宣传部. 构建和谐社会：多维视角下的理论探索 [M]. 上海：上海人民出版社，2006：16.

作为文明重要形式的城市与建筑，由于其建造和发展都具有地点性和由此确定的地理空间，地理位置的确定性是地域性的必要条件，但不是地域性的充分必要条件。例如，雅典卫城的帕台农神庙如果移植到北京就失去了其地域性，同样，北京的紫禁城也必然出现在北京，而不是雅典或世界上其他地方。所以，建筑的地域性指的是某一个建筑在特定的历史时期出现在某一个特定地区的历史必然性。建筑的地域性不能脱离自然、社会经济文化的地域性而独立存在，狭义的建筑地域性只是广义地域性的一部分内容。[1]

广义地域性的核心是人与文化的地域性，即使文明之初，各地域文明与地域的关系具有一定的偶然性，但随着文明的历史积淀，地域文化越来越具有其历史的必然性和规律性。狭义的地域性是从属于广义的地域性的，但由于建筑与城市自身的特殊性，以及各种偶然性因素，狭义的地域性并不一定与广义的地域性处于完全对应的关系。藤井明教授调查了世界40多个国家的500多座聚落，写成《聚落探访》一书，在其结束语中，他也讨论了这一论题。他指出"聚落'风土环境'和人的'想象力'"是形成地域性的核心因素。[2]

本书侧重于狭义的地域性的探讨，即一种能在建筑设计过程中有意义的、当代的地域观念。当代视野下的地域建筑，不仅要注重地域性的空间性因素，也要关注地域范围内的时间性因素，是处理人的主观价值取向和空间、时间因素之间复杂关联的问题。

2）历时性和共时性

历时性主要体现在地域性随着文明的历史延续，也处于动态的演变之中。根据人类文明发展的三次重大革命，我们可以将文明划分为农业文明、工业文明和后工业文明三个阶段加以考察。与之相对应，我们将这三个文明时期的地域性称为传统的地域性、现代的地域性与全球的地域性（表3-1）。

1　单军. 建筑与城市的地区性［D］. 清华大学，博士论文，2001：9.

2　［日］藤井明. 聚落探访［M］. 王昀等译. 北京：中国建筑工业出版社，2003：189.

三个文明时期地域性简要比较 [1] 表 3-1

	传统的地域性	现代的地域性	全球的地域性
人地关系	相互依存	可以脱离	可以脱离
人与自然	和谐、朴素的生态观	对抗、征服的观念	和谐、可持续发展观念
空间特征	相互隔离、封闭性	开放性	开放性、主题性
时间特征	发展缓慢，周期长	快速发展，周期短且不加控制	高速发展，周期短但可以控制
交流方式	缓慢的地方性贸易和移民	迅速的全球性的交通和电信	即时的全球网络系统
建筑特征	地区边界清晰地区性表现为地域风格	地区边界模糊地区风格弱化	地区边界模糊地区性作为设计理念
总体特征	地区性的兴盛时期地区=世界地区性作为一种现象存在	地区性的抵抗时期地区性与世界性对立地区性作为一种抵抗的思潮	地区性的复兴时期地区性与全球性共存地区性作为全球——地区关系的一个方面

在农业文明中，由于技术水平和认识世界的能力低下和文化之间的相互隔绝，地区文明发展得缓慢，这恰恰造就了地区文明和地区建筑文化。工业革命带动了第一次文明的世界性发展，但文明的飞速发展也带来了文化的趋同等问题。这是一个"地域性抵抗世界性"的时期，地区文化在抵抗中艰难地成长。后工业革命以全球化经济和信息网络为特征，全球化和地区化作为一对矛盾体成为最受关注的课题。地区性作为全球—地区关系的一个方面，也有可能造成与全球化同等重要的地位。

在当前，建筑师在设计过程中，利用现代的建造技术条件，有意无意地会削弱建筑所蕴含的地域性。因此为了强调建筑地域性，在当代建筑设计过程中，既要重视从传统的地区文化中汲取经验，又要强调将研究重点放在全球的视角上。

共时性是地域性研究又一个重要的前提。20世纪上半叶以来，在国际主义思潮及其带来的一种普遍的价值观的影响下，在世界范围内出现了一种地

---

1 单军. 建筑与城市的地区性 [D]. 清华大学，博士论文，2001：42.

域性的抵抗思潮和行动。这一抵抗思潮和行动背后的实质，却是不同地域之间政治和社会文化背景的差异。这种差异主要源于资本主义占据了经济和文化上的主导地位。所以，西方世界内部对国际主义和全球化的反思，与东方国家维护和发展本地区的文化特色是不同的。

处于发展中国家和地区的建筑师，对全球化和地域性的思考要面临的是对所谓的国际主义或全球主义，以及其以欧美为中心的思想的双重抵抗；要肩负的是对本地区和本民族文化能否发展、如何发展的艰难使命。

因此，对建筑地域性的理论研究和实践探索，一方面要认识到地域政治和文化背景的不同，即应考虑到发达国家和发展中国家之间，或西方和东方之间的不同；另一方面也要努力避免狭隘的民族主义或本土主义。这是中国以及发展中国家和地区发展地域建筑文化的双重任务。"作为中国的地区性探索，是要在吸纳全球文明的营养'输血'过程中，不断增强自身的'造血'机制，最终完成本土文化的自我更新和扬弃、完成自身有机体的良性循环"。[1]

3.2.1.2　建筑地域性

吴良镛教授曾在《广义建筑学》中指出："建筑的地区性是客观存在的……地区性主要是地理、经济发展和社会文化上的概念。所有这些条件均将综合地起作用。诚于中，而形于外。建筑的地区性也必然反映在建筑形式与风格上的变化上。"[2]从中可以看出，建筑的地域性包括两方面的特性：一方面，它强调地域自然、地理、气候、资源等环境特性；另一方面，它又强调文脉，即特定地区文化意识形态的特性。

何镜堂教授在"现代建筑理念与创作实践"中论述到："建筑是地区的产物，世界上没有抽象的建筑，只有具体的、地区的建筑，它总是扎根于具体环境之中，受到所在的地区的地理气候条件的影响，受具体自然条件以及地形、地貌和城市已有的地段环境所制约，这是造就建筑形式风格的基本点。

1　单军. 建筑与城市的地区性［D］. 清华大学，博士学位论文，2001：49.
2　吴良镛. 广义建筑学［M］. 北京：清华大学出版社，1989：32.

建筑的地域性还体现在地区的历史、人文环境中，建筑师应该在地区的传统中寻根、发掘有益的'基因'，与现代科技、文化结合，使现代建筑地域化、地区建筑现代化。"[1]何镜堂教授从宏观和微观的角度，从自然环境、人工环境和社会文化环境三个层面讨论了建筑的地域性。在建筑创作中又强调建筑的地域性要与建筑的时代性和文化性相关联，形成了"建筑三性"的整体观念。他指出"建筑的地域性、文化性、时代性是一个整体的概念。是相辅相成的、不可分割的，地域性本身就包括地区人文文化和地域的时代特征，文化性是地区传统文化和时代特征的综合表现，时代性正是地域特性、传统文脉与现代科技和文化的综合发展"。[2]这是一种辩证的创作观，并揭示出建筑地域性内涵具有整体性、系统性和动态性。

约翰斯顿在《地理学与地理学家》中指出："地域性是建筑的基本属性，是建筑赖以存在和发展的基本条件之一。它充分反映了建筑的定居特性；同时，它又提供了建筑所存在的文化、经济、社会和政治生活背景，形成了使这些背景得以组织起来的场所。"[3]

单军对建筑地域性的释义为："广义的建筑（或称人居环境）在多层次的空间范畴中一个特定的地区和既定的历史时段内，与该地区自然和社会文化环境的某种动态、开放的契合关系，并且由于具体的条件不同，其表现的方式、复杂性以及程度也存在差异。"[4]

张彤认为"地区性是建筑的本体属性之一"，强调"这里所说的建筑是一个广义的概念，它包含了单体的房屋、聚落、构筑环境以及与此相关的社会活动"。并将建筑的地域性定义为："建筑与其所在地域的自然生态、文化传统、经济形态和社会结构之间特定的关联。"[5]

---

1 何镜堂. 现代建筑理念与创作实践［J］. 建筑学报，第12届亚洲建筑师大会专辑，2006：34.
2 何镜堂. 现代建筑理念与创作实践［J］. 建筑学报，第12届亚洲建筑师大会专辑，2006：34.
3 ［美］R·J·约翰斯顿. 地理学与地理学家［M］. 唐晓峰，北京：商务印书馆，1999：3.
4 单军. 批判的地区主义批判及其他［J］. 建筑学报，2000，11：23.
5 张彤. 整体地区建筑. 南京：东南大学出版社，2003：前言.

从中我们可以看出，建筑与地域之间存在着依存和对应关系，而建筑所存在的地域环境涉及多个学科的内容。

袁牧认为："广义的建筑应该首先包含建筑物、建造者建造所直接涉及的一部分自然人文社会环境因素——也就是说，广义的建筑是指主客体双方以及主客体之间关系之和的整个建造活动。这样地区性可以简单表达为：建筑活动与其所在地区必然存在某种适应并互动的因果关系的属性。"[1]这一论述把广义的建筑内涵拓展为整个建造活动，建造活动涉及主体和客体因素，以及主客体之间的关系，并揭示出建筑的地域性不仅仅依存于客观的环境因素，也依存于人的主观能动性。

"地域性是一个动态的概念。在前工业时期我们所谓的建筑地域性内涵，与今天我们所说的建筑地域性内涵相比已经发生了改变……由此推演出制约建筑的形态可分为物质技术层面和精神价值层面。前者体现对方位、气候、材料、建造技术等的尊重；后者体现了深层精神结构与社会文化结构，包括制度、行为、观念等"[2]。地域性的这一阐述，强调了不同时期地域性的内涵具有动态发展的特征，并进一步论述了在地域性演化过程中制约建筑的本质因素。

以上论述主要集中在以下几个方面：

（1）建筑地域性是建造活动中各要素与地域之间的根本依存和对应关系。是在特定的空间和时间中的自然地理、社会文化、经济技术和社会需求等地域环境下的建构模式。

（2）建筑地域性不仅仅依存于地域环境条件、建筑建造活动中，由于人的主观能动性，地域性的凸显也有人的主观能动性在发挥作用。

1　袁牧. 国内当代乡土与地区建筑理论研究现状及评述［J］. 建筑师第115期，2005，6：18–25.

2　李蕾. 建筑与城市的本土观［D］. 同济大学，博士论文，2006.论文作者依据侯幼彬教授的"圈绳理论"对前工业时期地域性建筑的基本特征进行描述。在《中国建筑美学》的圈绳理论分析中，侯幼彬教授假设出了推动建筑向前发展的三种力：1. 历史渊源：地区传统；2. 地理特点：考虑气候等自然恒常因素；3. 发展方式：源于自身发展的规律性。认为制约建筑形态的合力圈表现为：AB—实质力向度，包括自然力和结构力；CD—虚设力向度，包括社会力和心理力。根据这种实质力向度和虚设力向度的基本划分方法，制约建筑的形态可分为物质技术层面和精神价值层面。

（3）建筑地域性是建造活动与其所在地域之间一种不断适应并互动的关系。地域自然和社会文化环境的不断变化，表现为演化的秩序性和多样性。

建筑地域性是建筑的基本属性之一，地域性是在自然、社会文化和经济技术等多种因素的综合作用之下形成的，这些因素组合而成的具体背景条件复杂多样，作用机制各不相同，在不同地域条件下，各方面因素之间各有侧重，构成了世界各地各具特色的地域建筑。

3.2.1.3　相关概念比较

乡土建筑、民族性、地域化、地域主义等与地域性交叠在一起，模糊了建筑地域性的概念，我们有必要辨析这些概念，进一步澄清建筑地域性研究的内容。

1）地域性、地域化、地域主义

"地域性"的概念不同于"地域主义"，是人类聚居环境的本质特征。它是人类聚居的自然环境与生俱来的特性，并最终反映在人生存的社会环境中，使得社会环境同样带有了与之对应的特性。地域性是地域主义最应追求的目的。归纳起来说，地域性就是对于某特定的地域，其中一切自然环境与社会文化因素共同构成的共同体所具有的特征。

"地域化"是一个与"地域性"相关联的概念，地域化强调的是一种动态发展过程，地域性虽然也是一个动态的过程，但更偏重于对相对稳定的性质和特征的关注；而地域主义是作为一种抵抗国际主义的思潮与之相伴随而生的，地域主义是一种维护地域性的主观创作理念，而地域性反映的是建筑或聚落的一种本质的规律和特征。

2）地域性、地区性、地方性

"地域""地区""地方"三个概念的含义并无明显的差别，都有区域范围的界定。与"地域性"相对应的概念"地区性""地方性"同样是对英文单词"regionality"的不同翻译，是指与一个地区相联系或有关的共性与特征。当特定地域所具有的共性体现在建筑和城市上，就成为建筑和城市的地域性即地域性特征。

我们根据中文的习惯，可以理解为：在某一个地区相联系的共性与特征中，地域性更强调自然地理因素；地区性更强调社会文化因素特征；地方性的概念中地方则在空间范围上更灵活一些，一个地点可称它是一个地方，一个更大的空间，如城市也可以称"地方"。地方与地域相比，地域的概念范围更大一些。总体来说，"地域""地区""地方"三个概念的含义并无明显的差别，为了表述的方便，在本文中采用"地域"和"地域性"来表达。

3）地域性、乡土主义

乡土主义是指在一定的地区范围内通过长期自发的民间实践所形成的具有特征性的观念和建筑技艺的总和，它与地域性相比，具有时空上的局限性。乡土建筑能够存在的地区是受外来文化影响较少的地区，其"乡土"也因而能够得以保存。但一旦该地区全方位地与外界接触，在不可能完全固步自封的情况下，乡土主义就显得过于保守和被动了。

4）地域性、民族性、时代性

民族性实际上是某种狭义的地域性，因为民族问题只是地域性文化因素中的一个方面，地区性是包容民族性的。由于地域性是开放的系统，能够接受任何符合地域条件的新生事物来发展自己，所以地域性中必然包含符合时代特色的成分。民族性、时代性是地域性研究的部分内容。

从以上的解释中我们可以看出，要想十分清楚地将几个概念区分开来并不是一件容易的事情，我们可以尝试通过找出与其相关和相对的概念，来分辨它们之间的差别（表3-2）。

相关和相对概念辨析　　　　　　　　　　表3-2

相关的概念	相对的概念	强调的重点
地域/地区/地方	全球	强调客观的分区差别 突出空间因素的作用，因自然条件所产生的建筑属性
本土	外来	带有主观认定的色彩 突出人文因素的作用，因风土人情所产生的建筑属性
乡土	官式	与官式相对应的、民间的、自发形成的
传统	现代	更侧重于时间上的对比 突出时间因素的作用，因世代相传而产生的建筑属性

3.2.2　地域性建筑

"地域性建筑"与"建筑的地域性"是具有不同内涵与外延的两个概念。地域性建筑是反映地域性的建筑形态,这一建筑形态是客观环境条件和人的主观能动性相互作用的结果,并随着地域自然和社会环境的不断变化,表现为多样性、整体性和动态性。

3.2.2.1　地域性建筑

地域性建筑反映地域性的建筑形态,这一建筑形态是客观环境条件和人的主观能动性相互作用的结果。地域性建筑本身的特点就是时间、活动、过程、技术、文化在某一地区空间形态上的反映。同时它又是一种创作的主张,讲究"此时、此地、此情",是一种智慧、情感的结合,是人、自然、社会的结合。"地域性建筑"是长期形成的具有某种地域识别性的建筑形态。

和地域性建筑相类似的词语还有"地区性建筑""地方性建筑""乡土建筑",等等。本文把"地区性建筑""地方性建筑"和"地域性建筑"限定为相同的概念。而"乡土建筑"则被认为是"没有建筑师的地域性建筑",是由那些无名的工匠用当地的材料和技术建造的,在形态上能体现当地大多数人的生活习惯与地方环境特点,与"地域性建筑"在概念上也有相似之处。

地域性建筑建立的基础是人的行为对环境的反应过程。建筑在长期的建造与使用中形成了相对稳定的模式,以及一些约定俗成的建造技术与方法,从而形成了一些相似的建筑类型。地域性建筑的实质在于这种在特定的自然环境与社会文化条件下所形成的建筑特质。

地域性建筑的发生、发展,具有历时性和共时性特征。不同地区的人群共同体,在不同的生存环境中逐渐形成各具风格的生产方式和生活方式,形成了不同的建筑特征,产生了空间的差异;而同一地区的人群共同体,又因生活环境的变化和文化自身运动规律的不同,在不同的历史阶段形成了不同的建筑形态,产生了建筑的时间差异。在时间因素与空间因素的共同作用下，形成一定区域范围内的地域性特征，产生了若干种不同功能的建筑类型，这些建筑类型之间又互相联系，构成一个地区总的建筑特征。

归纳起来，地域性建筑表现出三种基本特性：一是差异性，即不同地区之间的差异；二是统一性，即同一地区形成完整的形态；三是传承性。地域性建筑差异性、统一性和传承性，不仅表现在外在形象特征上，更是建立在地区的内在性质上。

3.2.2.2　地域性建筑影响因素

1）地域性建筑影响因素的学科维度

从人地关系的视角考察地域性建筑的影响因素，主要包括自然地理因素和人文地理因素两部分。自然地理因素包括气候、地貌与地质、水系与植被等，人文地理因素包括经济技术、宗法制度、宗教信仰、风俗习惯等。

从社会学的角度去分析地域性建筑的影响因素，主要关注的是社会组织结构、社会文化和社会变迁三个因素。社会组织结构要素又具体包括血缘组织、地缘组织和业缘组织因素，社会文化要素大致包括传统习俗、宗教信仰及政策法规因素，社会变迁因素主要包括经济起落、技术发展、生活方式变迁等因素。

从传播学的角度，地域性建筑建造过程中的传播者包括直接传播者和间接传播者两个部分。直接传播者，指那些直接参与建筑活动的人，如建筑设计师、建筑施工方以及业主等；间接传播者主要指那些与建筑有关的个人或组织，如经商者、移民、游客等。

此外，还有一些学科有助于我们了解、研究地域性建筑的影响因素。如历史学，其历史的观念有助于我们建立地域性研究的时间维度；再如生态学，它重视环境因素和技术因素的作用。

2）地域性建筑影响因素的时空维度

地域性建筑的发展是有时间性的，所以地域性建筑的影响因素具有时间维度。时间维度具有综合性和复杂性的特点，不同时代的影响因素其构成是不同的，相同的影响因素在不同的时代内涵也是有差异的。每个时代的地域性建筑都有特定的影响因素，这些独特性因素构成了地域性建筑的实质结构。地域性建筑的影响因素决定着地域性建筑特质的传承与延续，有着自成一体的相对独立性，而这也是地域性建筑风格多样化的基础。

在影响地域性建筑的众多因素之中，大部分因素随着时代的发展都会有所改变，但是像气候条件、地形地貌和地方材料却具有相对稳定性，是体现地域性建筑特殊性的最显著的标志。气候、地理条件和传统文化等因素对于建筑地域性的历史发展起着决定性作用。有些因素在某些时代其影响不是很明显，甚至会被忽视，但在人们追随了许多思潮后还会再关注它们，近来对生态建筑越来越多的关注便是例证。

法国年鉴学派的代表人物费尔南·布罗代尔（Fernand Braudel）最大的影响可能是有关历史时间的划分，他在"历史与社会科学"（1958）等文中，将其划分为三种时间结构，即"长时段""中时段"和"短时段"。地理、气候、动植物等自然环境因素是长时段的历史影响因素，它对中时段的经济社会运动和短时段的政治事件起隐蔽的支配作用。这个观念为地域性建筑影响因素的分析提供了最直接的研究范式。

因此，我们也可以把建筑地域性的影响因素划分为长时段、中时段和短时段要素三个层次，即：

长时段：主要包括地域性的气候、地形地貌等因素。

中时段：主要包括社会文化因素、宗教习俗，以及经济、技术手段等因素。

短时段：主要包括政治因素、建筑的思潮与时尚和大众文化等。

地域性具有空间上的特征，所以地域性建筑的影响因素具有空间维度。由于各种空间因素综合地对建筑的地区性产生作用，因此地域性的范围界定是一种相对和模糊的概念。在不同的地域，影响因素的构成是不同的，在同一个地域，影响因素在不同的地点构成也是不相同的，同一种影响因素在不同的地域也表现出很大的差异性，其对地域性建筑形成的影响差异也相当大。

地区性因素存在着空间尺度上的差异。从空间角度看，可以将地域性影响因素分为"直接"和"间接"。直接影响因素主要指地域性的环境因素。包括宏观地域环境和微观具体环境。宏观地域环境，如地域性的气候、生态环境、自然环境等因素；微观具体环境，如大型或超大型城市尺度的自然环境、中小型城市尺度的自然环境（地形地貌）和城市环境、建造场地的地形与环境等因素。

间接影响因素主要指地域性的社会因素和经济技术因素。包括经济、政治、文化、宗教，等等。它们也可以根据空间的尺度分为不同的等级，但某种具体的影响因素可以跨越不同的地域空间。如政治因素一般是地域级的，但在某些特定场合与条件下，也可能是城市与地方级的；地区性的文化更是如此。

地区性因素的空间性表明：直接影响因素一般比较明显，所以往往是一种"凸显因素"；间接影响因素的作用一般不明显，所以可视为是一种"隐藏因素"。但在具体情况下，"凸显"与"隐藏"也会发生转化。例如在历史文化地段的文化类建筑，地区性的文化因素往往就成为具有优先性的因素。[1]

3.2.3　地域性建筑影响因素的构成

通常人们将地域性建筑影响因素划分为自然环境因素、社会文化因素和经济技术因素。自然环境因素是地域建筑构成所依赖的前提，社会文化因素是地域建筑构成和发展的动因，经济技术因素是地域建筑的基础和保证。上述关于地域性建筑影响因素的学科维度及相关分析，以及建筑形成过程中所涉及的问题，本书在讨论影响地域建筑所涉及自然环境、社会文化和经济技术因素的同时，增加对基地环境因素和建造活动中人的因素的讨论。虽然这两个方面与前三个因素在内容上有部分交叉，但补充这两个影响因素的讨论，将更加全面地阐释地域建筑形成过程中的实际情况。

1　整理自：单军. 建筑与城市的地区性［D］. 清华大学，博士论文，2001：118，119.

3.2.3.1　自然环境因素

随着人类社会的发展，人类与自然的关系经历了由原始而自在、经自为向自觉的转变。建筑是人类在自然中的栖居所在，它为人的精神和肉体提供庇护的同时，也反映出自然环境的条件、特征和限制。在相当长的历史时期里，建筑和聚落一直是人类作用于自然最显著的形态，从根本上说它们是人与自然的中介。人与自然的关系不仅决定了建筑与自然的关系，最终也反映在建筑与自然的关系之中。建筑地域性正是对这种关系的集中体现。尽管现代技术已使我们获得了极大的自由，但作为自然界的一员，我们仍需要创造与之相适应，并符合生存与经济要求的"有生命的"建筑。

自然环境因素包括所在地域的气候条件、地形地貌、自然资源等，以及基地自然环境特征。

1）气候条件

气候作为显著的地域自然特征，始终是影响地域建筑形态的主要因素之一。由于特定地域的不同气候条件，各地产生了各自不同的适应性地域建筑形式。对建筑影响较大的气候条件因素包括日照、风量、气温、降水、湿度，等等，这些因素的不同组合形成不同的地域气候特征，也产生了不同特征的地域建筑（表3-3）。

气候条件与地域建筑特征联系的举例 [1]　　　　　　　表 3-3

气候条件	地域建筑特征
干热气候	浅色表面、提供阴凉的屋顶挑檐、通风开口、捕捉冷空气的后院
暖湿气候	轻质材料、通风的阁楼
寒冷气候	高度绝热、密封结构
降雪	强力负载屋顶、排雪倾斜屋顶
强风	低沉降建筑物

1　[英]Randall McMullan著，建筑环境学，张振南、李溯 译，机械工业出版社，2003：p2整理。

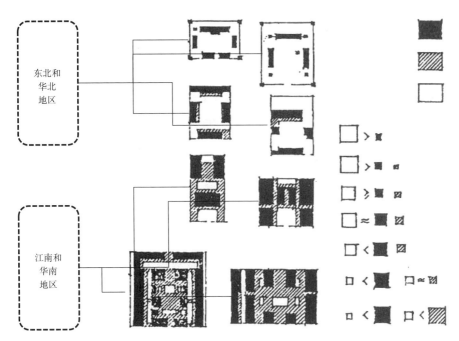

图3-1 我国传统合院民居的多样性分布

　　从我国的传统民居来看，同样被认为是反映中国传统社会中家庭和社会组织结构的合院式民居，在东北和华北地区，由于气候寒冷，太阳入射角低，为了争取更多的日照，建筑的间距较大，院落开阔；随着纬度的降低，气候变得湿润多雨，对建筑日照的要求逐渐让位于遮阴、避雨和通风，合院中建筑的间距因而拉近，院落渐次变小；在江南和华南的部分地区，院落减退为仅利于通风的天井（图3-1）。合院的这种变化是同一种形态结构对不同气候条件的多样性和差异性适应的结果。

　　气候因素对地域建筑的作用不仅表现在人们面对相同气候环境的共同选择，它还表现在同一地域条件下不同种族和文化背景中建筑形式风格的多样性和差异性。印度尼西亚是一个典型的多民族国家，在地域上以巴厘岛与

图3-2　印度尼西亚不同岛屿建筑风格的多样和差异

龙目岛之间的沃雷斯线[1]为界，将印度尼西亚分为东西两侧，分别为奥斯托罗·马来地区和印度·马来地区。相邻岛屿之间，气候干燥潮湿程度略有不同，从总体上来看基本上可以认为是处于相同的自然环境下。但是从住居形式来看，每一座岛屿上却建造了完全不同形式的住居（图3-2）。

随着科学技术的发展，人类获得了空前的生存自由，风霜雨雪等因素已不再成为左右现代建筑形态的决定因素。无论在北极还是赤道，发达的技术装备都可以提供绝对舒适的物质环境。所以充分利用自然环境，适应气候特征，对于现代建筑创作来说，仍然是设计的一个基本准则。

印度建筑师查尔斯·柯西亚对气候与建筑关系的理解尤其深刻，他认为，气候在根本上影响我们的城市与建筑。首先是直接影响：阳光的照射角度、遮阳设施、节能等问题决定了建筑的外表；其次是间接影响：在深层结构中，气候对社会礼节、礼仪以及生活方式等所起的作用影响了地域文化而产生。

1　沃雷斯线（Wallace's line）是由英国的博物学家阿尔弗雷德·拉塞尔·沃雷斯（Alfred Russel Wallace）提倡的亚洲和大洋洲之间的生物地理学上的境界线，通过印度尼西亚的婆罗洲岛和苏拉威西岛，巴厘岛和龙目岛之间。转引自：藤井明. 聚落探访［M］. 北京：中国建筑工业出版社，2003：182.

哈桑·法赛在圭那的实践就是成功发掘伊斯兰传统地方建筑适应气候的例子。法赛注意到，在气候温和的欧洲，窗口集通风、采光和引入外部景观等三重功能为一体。而在干热的埃及，传统上则将这三重功能分别处置。哈桑·法赛借鉴了木板帘、捕风窗和拱顶等传统建筑设计手法，发展了适于干热和暖湿气候的设计对策，如利用屋顶敞廊，及拱顶和穹顶促进内庭空气对流，创造凉爽的微气候。同时，这样建筑的主要朝向不必面向主导风向，从而给建筑布局带来了较大灵活性（图3-3）。

由此可见，在建筑地域性的相关自然影响因素中，气候条件是一个最基本，也最具普遍意义的因素，它关系着人们最原始的生理需求，因而也决定了建筑形态中最根本和恒定的部分。在极端的气候环境中，它决定着人们对地域建筑形式的选择。

2）地形地貌

地形地貌是地域性建筑发生发展的又一个基础性要素。一个地域明确的地形特征会潜移默化地影响人们的空间认知。在不同地域，人们理想的空间图式在很大程度上与当地自然的地形地貌相关。建筑与地形地貌的这种关系，塑造了各地建筑丰富的地域性特质。对于单体建筑而言，场地的地形对建筑形式有着直接的决定作用。

图3-3 哈桑改良的屋顶
a、b.捕风塔

图3-4　锡耶纳山城

　　建筑所在场地的地形、植被、水体等自然形态景观是地形地貌的组成部分，并且特定的地形地貌本身也是一种自然资源。传统的地域建筑在适应环境、处理不同地形地势关系方面经过不断演化，已使建筑形式、规划布局与所处的自然地形环境形成了完整和谐的统一体（图3-4）。

　　我国江南地区的村镇，其形态因由另一种自然地形因素——水而同样表现出"有机理性"。水是人们的生活源泉、交通方式、经济形态和文化品性。河道和水巷构成了江南水镇的生态基核，水网体系调节村镇内部的气候环境。江南水镇从整体到局部都表现出与水的亲和性，水成为城镇形态的特征之源（图3-5）。

　　安托内·普雷多克（Antoine Predock）设计的美国亚利桑那科学中心同样也是一个与地形地貌结合紧密的例子（图3-6）。绵延的山脉将亚利桑那科学中心的基地包围在索诺拉沙漠中的都市里。沙漠环境的内在秩序体现为荒

图3-5　江南水镇

图3-6　亚利桑那科学
中心鸟瞰

凉、广漠、粗犷、永恒，这里天高、地阔，阳光灼灼逼人，这一切使荒漠景观呈现出一种界限分明、肯定又强烈的美。普雷多克将造型、空间与光线融合在设计元素中，创造出与身旁的沙漠环境融为一体的动人亲和力。科学中心通体由混凝土浇筑，没有一扇窗子，犹如一座雕塑。这些从沙漠中的自然形态抽象出来的形象粗犷而有力，象征着广袤的沙漠、山脉和天空，从而体现出建筑外表个性形体与环境的平衡感，表现了丰富的地域性特征，科学中心利用地形地貌使建筑具有一种永恒的意义。

　　3）地方资源

　　特定地域的自然资源是地域建筑产生和发展的物质基础，各个地域不同的自然资源对于地域建筑的形成起着至关重要的作用。自然资源通常是指地域内的大气、水源、土地、技术和矿产资源等，其中对建筑影响较大的是地方材料的选用。例如，在东西方建筑体系建筑材料的使用中，西方的石建筑传统无疑得益于盛产大理石，而以中国为代表的东方木构体系显然与原黄土高原上盛产木材而缺乏石材有关。

　　在传统地域建筑中，地方材料的运用，还常常结合当地气候和地形地貌条件，使其运用更具合理性和生命力。例如，生土材料在传统地域建筑中的应用，今天生土建筑还在全世界广泛分布的主要原因是它适宜地理和气候条

图3-7　黄土高原窑洞形式　　　　　　　　　图3-8 贵州石板房

件。在干热、严寒地区用生土作为主体建筑材料，有良好的保温隔热、就地
取材、易于施工等优势，可以充分发挥其物理特性。黄土窑洞是最具代表性
的传统地域建筑之一（图3-7）。黄土高原的自然条件是日夜温差大，降水量
少，年平均降雨量为250~500毫米，小于蒸发量，同时土质松软易于削掘，干
燥时负荷强，能保持垂直墙面。正是黄土的这种特性和干燥的气候条件，加
以窑洞冬暖夏凉、施工便利、经济简便的特点，使其在黄土高原有广泛的分
布；而且窑洞随地形分布，与黄土高原的自然景观融为一体，是典型的建筑
与自然和谐相处的实例。

　　中国贵州地区山岳延绵，人称"八山一水一分田"，也就是说，山非常
多，而且山上覆土少，大面积都是石头，这当然影响了当地的建筑，石板房
的产生也就理所当然了。石板房是以石头砌墙、石片作瓦的一种建筑形式，
从外面看几乎全是石头材料，但里面真正架构的还是木材料（图3-8）。

　　"地方材料的巧妙运用及其独特的建造工艺是具有地域风格的传统民居建
筑和地方风格建筑突显地方特色的重要因素之一。正是因为地方材料的匠心
独运，才使得建筑的地域特性更为突出"。[1]在漫长的历史发展过程中，我们
可以清楚地看到建筑材料对于建筑发展的意义及其丰富的文化含义，建筑材

1　翟辉. 从传统民居中找寻地区主义建筑的"根"[J]. 建筑学报，2000，11：28.

料在不同历史时期和不同地点的建筑建造活动中均扮演着重要的角色，不同的建造方式使建筑呈现出鲜明的地方特色。

毫无疑问，我们在做建筑设计时不但要了解材料的物理性能，受力特点，对人的感知的影响，还必须了解材料的造型特点。路易·康在理论和实践上除了重视建筑物的使用功能外，也非常重视忠于建筑材料的特性而不隐匿，不违背结构逻辑性。"当你面对砖，或做有关砖的设计，你必须问问砖，它希望成为什么，或者它能做什么"。[1]

地方材料和资源特色为地域建筑提供了条件和限制，它们是造就地域建筑风格的重要物质因素。同时，在对地方资源的巧妙运用中形成的建造工艺和审美倾向也逐步融入地域文化的内核，构成了人们对地域的记忆和情感。

值得注意的是，在资源问题日益突出的当代，对自然资源的过分透支已使人类社会自食其果。如今人们才重新认识到"自然界不能被当成一种取之不尽，用之不竭的存在了，相反，必须把它看成一种有限的资源"。传统地域建筑对地域特有自然资源的合理利用充分反映了原始的生态平衡思想和人与自然和谐共处的关系，为我们今天重新审视建筑与自然资源的利用开拓了思路。

3.2.3.2 社会文化因素

建筑在自然环境中呈现物质形态的同时，也在社会环境中呈现出文化形态，后一方面的表现随着人类社会自身的发展显得越来越突出。进入近代社会以后，建筑的发展更多地取决于经济利益的需要和社会因素的作用，它们甚至决定了人对待自然的态度，进而决定了地域建筑与自然的关系。

广义上讲，地域文化是一定地域的人民在长期历史发展过程中，通过体力和脑力劳动创造的，不断积淀、发展和升华的物质文明和精神文明全部成果，包括物质文化和精神文化。它反映了当地的经济水平、科技成就、价值观念、宗教信仰、文化修养、艺术水平、社会风俗、生活方式、社会行为准则等社会生活的各个层面；狭义上讲，地域文化专指精神文化。人类对精神

---

1 李大夏. 路易·康 [M]. 北京：中国建筑工业出版社，1999：132.

文化的需求是持久的，也具有决定性，正是这种决定性作用，使得各种地域性差异在建筑形式中的存在成为可能。

不同文化特征的地域性社会，其现象背后的决定力量和需求各不相同。有的为宗法观念所主导，有的通过血缘和地缘关系来维系，有的以特定的经济方式为基础，还有的则是出于诸如防御、礼仪等特殊行为的需求。随着历史的发展，更多的社会综合了多种因素，反映出多元复杂的结构机制，它们决定和影响着建筑群体或聚落的结构、肌理和形态特征。具体地说，与地域建筑有关的社会文化因素包括宗法等级观念、血缘和地缘关系、宗教信仰、传统习俗、政策法规等。

1）宗法等级观念

宗法观念下，社会组织结构赋予聚落形态清晰的等级和秩序。我国从周代开始就已经确立了宗法等级制度，历经儒家的不断调整完善并使之理论化，从而形成一种封建的伦理道德观念，极其深刻地影响着人们生活的各个方面。地域建筑在一定程度上受到这种观念的影响。

北京紫禁城是反映宗法社会的明显例证，君主专权的制度在平面布局上要求"主座朝南，左右对称，强调中轴线"[1]，反映出君主至上的轴线感，它是中国古代封建社会高度等级化和一元性组织结构的物化体现（图3-9）。

在意大利佛罗伦萨城中，佛罗伦萨大教堂成为所有道路和形态的汇聚中心。无论在空间位置还是建筑形态上，佛罗伦萨大教堂无可争辩地控制着整个城市，强调建筑对社会制度的回应（图3-10）。

2）血缘与地缘关系

中国传统社会以主干家庭能够扩展和维持数世同堂的大家族为荣耀。主干家庭的建立可以避免分散的核心家庭衰微的命运，因此每一家庭都以此作为扩大劳动力和壮大家族势力的重要方式，如山西的乔家大院、河南的康百万庄园等大规模的深宅大院。

---

1 李允鉌. 华夏意匠［M］. 天津：天津大学出版社，2005：146.

图3-9　北京紫禁城太和殿

图3-10　佛罗伦萨

图3-11　福建永定县客家住宅
a.外观
b.剖视

b

　　中国南方福建省的客家人长期以来以大型的封闭土楼作为族姓的聚居形式。所谓"客家人"，是指由中原迁入南方的汉人。由于种种历史原因，他们举族迁徙，生活习惯、生产技术、意识观念、语言文化都与新的环境格格不入。强烈的自我保护意识促使他们强化了传统的聚族而居的模式，以地缘或血缘关系结合成稳定的氏族社会，表现出强烈的排他性。客家土楼的平面以闭合的圆形或方形居多（图3-11），其外部形态极其封闭。夯土外墙厚达1米以上，底部常以大块卵石或花岗石砌护，一般只在上部有规律地对外开一些很小的窗洞。不仅如此，很多土楼还有完备的防御性构造，防范外部的入侵。在土楼的内部结构中，中原文化中的伦理精神和等级秩序在特定的环境中得到了极致的表现。客家土楼的空间形态直观地反映了以血亲关系为纽带、建立在共同经济基础上的氏族社会的组织结构。其高度整合的形体和等级化的空间构成了我国南方最具神奇色彩的住居形式，呈现出十分鲜明的地区特色。

3）宗教信仰

宗教信仰对于人类生活，特别是精神生活的影响是异常深刻持久的。一个地域的人们把企盼、恐惧、理想、情感、欲望和经验聚集在一起，造就一个或几个神的形象和意志，并把它无限放大，成为创造和制约一切的力量，就产生了宗教。宗教是一种系统，它影响和规范着人们的思想和行动。各地的建筑和聚落，从风土景观、选址定位到房屋构件的构造和表现，在各个层面上都受到来自宗教、信仰和神话的强烈影响。具有较严格意义的宗教有犹太教、基督教、伊斯兰教、摩尼教、婆罗门教、佛教、印度教、道教等，这些宗教都有必须具备的"宗教场所"。

伊斯兰宗教建筑遍及西亚、北非地区以及西欧、南欧、中非、南亚、东南亚、东亚等区域，成为世界上最大的宗教建筑类型之一，分布地区也最广。清真寺的建筑结构严整、质朴。中心部位是礼拜大殿，大殿建筑一般呈"凸"字形，内部设置比较简单，墙壁素洁淡雅，通常不会绘制景物，偶尔有阿拉伯艺术字体和几何线条图案装饰。殿内右前方设有讲坛，供宣讲人在聚礼日及每年开斋节、古尔邦节两会礼日宣讲教义之用。礼拜之前，穆斯林必须通过一系列沐浴使自己洁净。因此，每个清真寺都必须内设一个喷泉，通常设在"礼拜室"前面的庭院中央（图3-12）。

印度教寺庙的平面呈方形或矩形，殿堂上覆以密檐式锥塔，顶部为扁球形宝顶，这些是印度教寺庙普遍存在的共有特征（图3-13）。

4）传统民俗

传统民俗是一种悠久的历史文化传承，它蕴藏于民间生活中，是相沿而成的东西，是一个地域长期形成的不易改变的生活方式、社会风尚等。俗话说，"百里不同风，千里不同俗"，这表明了地域传统民俗的差异性。传统民俗是与人们的日常生活和行为观念联系最为密切的一种基本因素。

图3-12　埃及穆罕默德阿里清真寺
a.外观
b.水池

图3-13　支提窟外观

　　民俗的体现是全方位的，衣食住行无所不在。由于传统习俗规定人们的行为，约束人们的思想，影响着日常生活的每一个细节，它必然对地方的建筑和建筑活动产生内在的影响。一个与习俗礼仪有关、在较长时间内得以保持生命力的场所，其本身已经构成了民俗的一部分。

　　民俗在建筑文化特别是民间建筑文化中占有不可忽视的重要地位。它产生自历史，同时又有强烈的地方特征。"地域性是民俗在空间上所显示出的特征。因为这个特征是在民俗的地域环境中形成并显示出来的。同时，带有地方性的民俗具有很强的传承性"。[1]这个特征对于民俗的存在和发展来说是一个主要特征。民俗对民间建筑的影响是多方面的，包括选址、朝向、格局、造型和装饰等。

　　摩梭人是纳西族的一个特殊群体，是一个至今还保持着母系氏族大家庭的"国度"——"摩梭女儿国"。他们居住在云南省宁蒗县与四川省盐源县交界处的泸沽湖沿岸，人口约5万。摩梭人民居作为我国民居之一，与其他民族建筑一样是摩梭人社会历史文化发展长河中逐渐累积沉淀、承传的产物。一座完整的四合院由正房、经房、花楼、门楼构成。花楼，也叫"阿夏房"，是婚龄女子居住的地方，上层用木板分隔成数间独立的小房间，每人一间，供走婚使用（图3-14）。"尽管不同时期、不同支系的摩梭人民居形式多种多样，但它们却都受到摩梭人传统民俗的影响，从村寨的聚落到住宅的选址；从室内空间布局到居室功能；从建筑结构到装饰都映射出独特的民族文化风貌"。[2]

　　习俗文化深刻地影响建筑的样式，并成为建筑意义的指向目标。人类通过对建筑空间与建筑环境的感性知觉得到方向感和归属感，这种感性知觉源自于人们对所处历史文化系统的记忆，反映了地域建筑所遵守的约定俗成、文化观念和传统习俗，具有恒常性。这一切已经融进了人类的无意识层次，这种集体无意识影响着对环境深层意义的把握。

1　乌丙安. 中国民俗学［M］. 辽宁：辽宁大学出版社，1985：19.

2　左辉，李嘉华. 摩梭文化习俗影响下的摩梭民居［J］. 华中建筑，2007，1：79.

 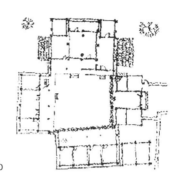

图3-14 摩梭民居
a. 外观
b. 平面

5）建设法规和规范

政策法规主要指影响城市和乡村发展的宏观政策和规划设计的建设法规，毫无疑问，它们直接关系到空间的发展态势。宏观政策是政府干预的一种手段，用于指导发展的方向。建设法规是影响空间形式形成的最直接因素。中国历史上围绕营造活动都有一系列相关的法规制度，如《周法》《营造法式》《清式营造则例》等。当代对于建筑的规定就更细致了，各种工业建筑、公共建筑及居住建筑，都自己特有的规范，必须去遵守，包括城市规划也有很多规范。总之，不同的时代、不同的国家、不同的地域有着不同的建设法规，它们在建造活动中持久地发挥着作用。除了建设法规外，对于建筑产生影响的还包括一系列由统治者颁布的政策条令，如人口政策、民族政策、商业政策、移民政策，等等。

在当代，城市及建筑的建造是一项综合复杂的、同时牵动许多社会集团利益和需求的工作，往往需要按行政方式来组织、指挥并监督城市建设。建筑政策与法规在一定范围内约束着建筑实践活动，使建设符合国家与社会的整体利益。而追求社会和环境效益正是建筑地域性思想的最终目标。因此可以说，政策法规是建筑地域性能否得到体现的重要因素。北京紫禁城周围禁

图3-15　圣丹尼斯社会住宅

止出现高层建筑，大连市不允许再采用白色瓷砖作建筑的外饰面，这些都是
对保护历史建筑和地段、维护城市风貌有益的政策。去过欧洲的人都感到它
的街道与广场有一种统一与变化之美，其实这也是在城市建筑法规"控制下
创造的产物"。还有一点，建筑的最终使用者——公众，他们的参与对建筑地
域性特色的创造是莫大的修正与补充，而在设计者与公众之间架起沟通桥梁
的任务又是政府官员们义不容辞的责任。

　　法国圣丹尼斯社会住宅及设施位于巴黎北部的圣丹尼斯镇，与紧密排列
和等级森严的古代街道相邻（图3-15）。北部是一幢与其风格不协调的高层住
宅楼。该用地与两条街道相邻，向南是奥古斯特普兰街，即城市主轴线；东
部是让摩尔莫街。这项工程满足城镇规划的两条法规，第一条是七层的高度
限制，可从奥古斯特普兰街对面的一大块空地上看到该建筑，空地是一个露
天集市；第二条是新建筑必须相邻于两条已有的街道。这个住宅项目采用了
极为严格的建筑原则，加强了建筑与城市的整体性。

3.2.3.3　经济技术因素

经济与技术因素是影响建筑地域性形成的另一个重要的方面。经济与技术是建筑作为物质存在和精神存在的基础和保证，经济的不平衡发展必然导致城市与建筑呈现不同的地域性，技术则是建筑发展最根本的原动力之一。一个地域的建筑往往是与现阶段当地的经济技术水平相适应的，经济的发展、技术的进步为建筑艺术的创造提供了更广阔的选择性和可能性。

1）经济形态

经济形态包括经济形式和发展水平，是地区社会存在和发展的基础，内在地决定着包括建筑在内的"上层建筑"的状态和特征。经济因素似乎并不直接与建筑形式发生关联，但是特定的经济形式、经济水平又为地域建筑的发展提供可能、带来限制，潜在地规定着风格发展的方向和空间。经济形态是地域性建筑系统中一个深层次的制约因素。

阿罗尔岛的阿布伊族的住居，是四层木构造底层架空式的独特建筑形式。住居的一层是四周有着低矮护栏的平台，这里是半室外的活动空间，有一个竹楼梯通往二层，炉灶文娱位于二层的中央部位，周围是厨房兼起居室和卧室。在二层的一个角落里有通往三层的梯子，也可以上到四层。三、四层是粮仓，装满了玉米（图3-16）。

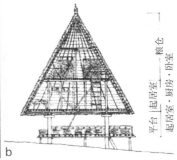

图3-16　阿罗尔岛的阿布伊族的住居
a. 外观
b. 剖面

图3-17 徽州黔县村水景

　　以农耕经济为基础的中国传统乡土聚落，立村选址、营宅造院都遵循一套成熟的民间程式和设计思想。在村落的选择和规划中，如何接近控制和利用水，巧妙地满足生产和生活需求是一个重要的内容。徽州黔县村，依山傍溪，引水入村，人工修筑了月塘、南潮，并将水引入各家宅院形成"水院"。既保证了村落周围的耕地用水，也为村民的生活提供了方便，同时有助于调节村落内部的气候环境，沿用至今仍然保持着生命力。这些民间经验和理念学说，以及由此产生的创造性实践，究其实质，都是在农耕经济的大背景中，以满足农业生产的需求为基本依据的。农业社会的经济形态内在地起着一种规定作用（图3-17）。

　　社会经济进入商品阶段以后，建筑的概念发生了重要的变化。建筑成为一种商品，建筑活动也成为一种经济现象，建筑设计思想也正在经受着经济运作、市场规律以及由此引发的人们意识观念和价值判断的改变等诸多因素的考验。此时，经济因素作为一种社会文化因素，已不再是一种潜在的制约条件，而成为支配建筑发展的决定性因素。在当代地域性建筑影响因素的研究中，经济形态的因素不容忽视。

　　2）技术手段

　　建筑是物质的，技术是生产物质的手段，是构成建筑所有物质和精神存在的基础，是推动建筑向前发展的原始动力之一。在建筑的发展历史中，技术起着支持或制约的作用，它为风格的产生提供了可能，在特定时期，先进的技术可以成为推动力和催化剂，带动、促进建筑的进步。然而技术不是建筑的全部内容，也不是建筑的唯一目的，建筑中的技术必须与自然、社会、人文因素协调与平衡。一个地域的建筑技术，自发地产生于人们对自然条件和社会生活的认识和理解，是在特定地域条件下最为有效和便捷的选择，并发展出成熟的建筑形式。

　　罗马人发明了最适合发挥砖石性能的结构方式——拱券，这一结构形式从本质上决定了古罗马建筑的特定成就和历史地位。从5世纪的罗马风教堂到10世纪的拱券技术，再发展到12世纪成熟的哥特式风格，整个过程是一部结构变革的历史。为了追求整体的通透和空灵，哥特式教堂摒弃了由梁柱支撑的沉重天花，或拱券的古典结构形式，消融了沉重的墙体，取而代之的是一种支撑十字拱顶的竖向框架体系。独立于墙体外侧的飞扶壁在两侧凌空飞跃于侧廊上方，在十字拱的起脚处抵住侧推力（图3-18）。

图3-18　法国亚眠主教堂

这一实例充分说明了建筑技术在受社会、宗教、文化影响之下，所创造出的结构形式，是技术与诸多因素的协调。而当地传统的建造技术则表现出了与当地环境和社会生活特定的适应，这种适应并不取决于技术的高新，也不需要付出经济和生态代价，它主要来自于人们对生活和环境的深刻理解，即由此所产生的智慧。

然而科技的进步对建筑地区性而言，正像我们常说的"技术是把双刃剑"一样，有正、反两方面的双重作用。一方面技术的进步为建筑提供了更多的可能性，促使新的结构形式、新的建筑设备、新的建造技术乃至新的建筑类型出现，技术手段的变化，影响到材料的变化、具体构造形态的变化以及营建观念的变化等——这从根本上改变了建筑的形态，极大提高了人们的物质生活水平。但另一方面，技术对人也有"异化"作用，不恰当的技术模式将带来难以消解的恶果，尤其是带来对传统文化不加区分的践踏。

"技术和生产方式的全球化带来了人与传统地域空间的分离，地域文化的特色渐趋衰微；标准化的商品生产致使建筑环境趋同，设计平庸，建筑文化的多样性遭到扼杀"。[1]当代社会对于文化"全球化"的担忧，其根本原因很大程度上是由技术"全球化"造成的。世界文化是多元文化，不能以一种文化的声音替代全世界各个文化的声音；不同的地域、不同的文化背景，不能以一种发展模式来解决各个地区的问题；不同的地域有不同的自然地理环境、历史文化传统，有自己的建筑文化和相应的建造技术，不能企图以一种技术方式来替代所有地域的建造技术。如何在不同经济发展程度、不同文化发展模式以及不同的地域生态背景中引入相应的技术模式已经成为现代社会面临的主要问题之一。

3）装饰工艺

作为风格和识别性的组成部分，装饰是构成建筑地域风格的一项因素。装饰的内容、形式和色彩广泛地与地域的自然、文化和社会经济因素产生着

1 吴良镛. 世纪之交展望建筑学的未来［J］. 建筑学报，1999，8：6.

图3-19 传统岭南民居装饰工艺

内在的联系，装饰的工艺技术也明显地带有地域性的特征。

我国的传统建筑，装饰以彩画和雕刻为主。由于南北方气候、地理和地域气质的差别，在炎热多雨的南方，室外装饰以砖石雕刻和木雕为主，彩画多施于室内，且色调清冷；而在寒冷干燥的北方，建筑的室外装饰中出现了较多的彩画，色彩也较为热烈鲜明，如传统岭南民居的装饰工艺（图3-19）。

某种装饰形式一旦被普遍接受，就会对地域社会的审美心理产生影响，进而形成一种美学传统，不仅作用于当时的建筑活动，其辐射力也将会波及后来的建筑发展以及社会生活的多个层面。

3.2.3.4 基地环境因素

对基地环境因素和建造活动中人的因素的讨论，与前三个因素在内容上有交叉，但补充讨论这两个因素，将更加全面地解释在地域建筑形成过程中所涉及的问题。

图3-20　基地环境的空间范围主要指城市、地段和场地环境

　　基地环境包括建筑物、交通、绿化、水电、信息，等等。当建筑建成的时候，本身就作为人工环境成为建筑环境的一部分而与其他建筑及自然环境开始互相发生影响。[1]"基地是城市和建筑的一种不可缺少的条件，它是城市和建筑的一种属性，是一种地区的城市设计和建筑设计的基本条件"。[2]阿塞·埃里克森认为"单体建筑物并不是那么重要，而单体建筑和其他建筑及周围环境的关系，比建筑本身更为重要"。这说明基地环境对建筑的影响是不可忽视的，这里考虑的基地环境要素，主要是指建筑基地环境所处的地域、城市、基地周边地段和场地环境的整体结构、空间形态和功能关系等所涉及的因素。[3]笔者将基地环境也作为地域建筑的影响因素之一加以考虑（图3-20）。

　　在建筑创作的过程中，面对复杂的基地环境，建筑地域性的表达必须在充分了解和尊重原有城市环境、基地环境周边地段，以及场地环境的实际情况下进行判断。

　　瑞士建筑师彼得·卒姆托（Peter Zumthor）在瓦尔斯温泉的设计过程中，通过环境分析，结合建筑使用功能，充分利用现有环境条件来进行创造，将建筑的功能性与环境形态进行理性的整合。他希望这个温泉浴场能通过嵌入土地来表现基地的特征，让新的温泉浴场与基地山脉的轮廓清晰地保持一种特殊的关系。让新的建筑给人一种比周围现存的建筑更为古老的感觉，仿佛它原本就一直存在于这个环境之中（图3-21）。

1　［英］麦雷克马伦. 建筑环境学［M］. 张振南、李溯译. 北京：机械工业出版社，2005：1.

2　齐康. 城市建筑［M］. 南京：东南大学出版社，2001：14.

3　张建涛. 基地环境要素分析与设计表达［J］. 新建筑，2004，5：57-59.

图3-21　瓦尔斯温泉浴场
a.外观
b.庭院和屋顶

3.2.3.5　建造活动中人的因素

从对地域性建筑影响因素的多学科角度分析中，我们不难看出，地域性建筑的影响因素既有客观的，又有主观的。在整个地域性建筑形成和发展的过程中，人起到了关键的作用。对所有因素的一切的决策和取舍都取决于人。由于有人的需求，建筑遮风避雨的功能才有意义，空间才富有价值，形式才获得生机，建筑的观念、技术、功能等才不断得以发展。由于人的存在和活动，场所才有了灵魂。

由于建筑设计的复杂性，参与建筑设计活动的人是极为广泛的。建筑设计从开始进行到完成，参与人员涉及委托者、承担者、协调者、监督者等，它们分别代表了设计活动中不同人群的利益，这些人共同参与设计决策，完成设计的整个过程（图3-22）。

正因为有这么多的参与人员，建筑师的主观意识活动在这之中起着至关重要的作用。由于科学技术素养的不同，不同建筑师对同样的建筑会产生不同的认知和取向。虽然每位建筑师最根本的设计思想各不相同，但是在具体的设计方法中却既表现出共性的一面，又具有不同的个性特征。任何建筑师对建筑设计的理解都是由两个方面组成的。一方面，是综合了多种理念与方

当代地域建筑和谐理念与设计表达

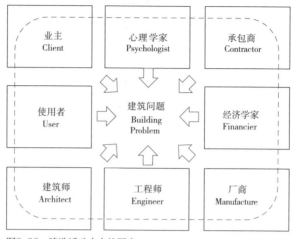

图3-22　建造活动中人的因素

法的体系，这形成了其理论基础。这种体系由建筑学科、时代文化带来的全部信息组成，是所有建筑师的理论背景。另一方面，不同的建筑师对建筑设计的认知又具有自身独特的、主观自主的个性化理论架构，有时甚至与非理性的"神秘"成分联系起来。这两方面结合构成了建筑师在设计过程中思维活动的全部依据，似乎都不可缺少。在地域性建筑的创作过程中，建筑师对地域文化的理解不同，从地域文化中汲取的素材与灵感也就不同，最终作品的关注点自然也就不同。

　　一个成功的建筑作品，取决于建筑师的创造性人格等诸多因素：对自然和社会生活的深入体验和观察，将其升华为建筑哲学的哲理性，思维的独创性和实践的实验性，综合与重组的创新性，思维的流畅性和灵活性。建筑师的人格个性给建筑作品带来个性。即便是在建筑设计领域内保证整体的地域性特征的前提要求下，对个性的强调也是我们所需要的，这样才会避免掉入另一轮形式上的单调乏味。

　　现代主义建筑大师阿尔瓦·阿尔托是芬兰人，芬兰的自然特征——遍及疆土的北国森林，是决定他设计审美气质的天然因素。他曾经说："森林

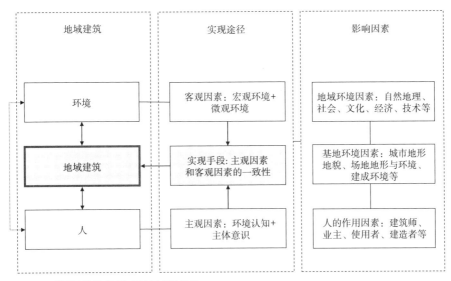

图3-23　地域性建筑形成与影响因素的关系

是……想象力的场所，由童话、神话、迷信的创造物占据。森林是芬兰心灵的潜意识所在……树木的保护包围感仍深藏在芬兰的灵魂中。"北国森林所提供的材料与肌理的丰富与微妙感、戏剧性的光影变化、短促的春夏季节，都组成了一种独特的美和诗意。阿尔托的建筑正是与这样一种与自然所做的诗意对话。长期立足于芬兰本土，注定了他对欧洲激进的国际现代主义者柯布西耶、密斯的超越与偏离，造就了另一种长久不衰的辉煌。

　　综上所述，我们可以把地域的自然环境因素、社会文化因素和经济技术因素称为地域环境因素。这样，地域建筑影响因素构成可以被归纳为地域环境因素、基地环境因素和建造活动中人的因素，三者相互联系、相互作用，形成客观因素和主观因素，这些因素共同对地域建筑产生影响（图3-23）。其中地域环境因素与基地环境因素之间是互蕴关系。基地环境是地域环境存在的基础，地域环境制约基地环境对建筑的规定性；基地环境受制于地域环境，又反作用于地域环境；基地环境从自身运动中发展了地域环境，并在深层的发展中反映和表现自身；地域环境和基地环境包涵了人对环境的认知，人的主体意识又受到客观条件的影响。

上述对相关影响因素的分类，是一种静态的分析方法，是为了在建筑地域性创作中对影响因素进行辨析。事实上，这些影响因素在建筑建造过程中都是共同起作用的，这也是建筑地域性本身具有复杂性、整体性和多样性的原因。

3.3 基于和谐理念的当代地域性建筑释义

以和谐理念为基础的地域性建筑研究重视主观因素在建筑设计过程中的作用，强调主客观要素及其关系，并将其作为地域性建筑的影响因素。建筑地域性的凸现，表现为建筑与环境的客观要素平衡、与人的主观因素协调，以及两者的一致性。在全球化背景下，建筑地域性的内涵更加丰富和复杂。以和谐理念的视角重新审视其内涵，可以为建筑实践活动提供新的理论范式。

3.3.1 基于和谐理念的当代地域性建筑内涵

"地域性建筑"的含义是广泛的，其建造和发展具有地点性和由此确定的地理空间，也体现为特定的历史时期出现在某一个特定地区的历史必然性。

地域性的核心是建筑与人和自然、社会环境之间的互动关系。地域性建筑是通过人的活动使地区各种客观环境要素协同作用实现其整体特性的。这种特性表现出多样的统一、关系的协调、要素的平衡和动态发展的特点，表现出一种和谐关系。这一关系是建立在人的主观价值取向与客观环境要素平衡的一致性的基础上的，反映建筑地域性的主体和本质。建筑地域性的凸现，是人的主观价值取向与客观要素平衡的一致性的结果。人的主观价值取向和客观环境要素的平衡具有相对独立性，又有密切联系的统一性。

首先，重视主观因素在建筑地域性表达过程中的作用。建筑发展的规律是客观的，但在建筑建造活动中，又由有意识的人进行参与，人会根据自己的感知，对建筑设计产生主观认知并付诸行动。因此，在建筑设计过程中，需要重视人的因素的特殊性和特别地位。

其次，要强调主客观要素作为地域性建筑的因素。狭义的建筑往往关注建筑物本身的属性，而把建筑的自然、社会因素看成外部条件。这种间接的"外部条件"容易被忽略。要将影响建筑地域性的主客观要素都纳入一个整体里进行分析，形成为主客观关系。这样，就把地域环境中的自然、社会、文化等因素纳入其中，使其成为地域性的一种内部属性，变间接关系为直接关系。主客体之间一致性关系是建筑地域性研究的基本内容，是建筑地域性的本质。

"当代地域性建筑"，首先体现了建筑的地域性是当代建筑的一种价值取向。其研究范围并不局限于既有的地域性建筑，而是扩大到当代建筑地域性的设计表达。其次，当代地域性建筑具有"地域化"与"现代化"的双重任务。由于有了"当代"这一定语，对地域性建筑的研究必须置于全球化的背景下。

3.3.2 基于和谐理念的当代地域性建筑特征

基于和谐理念的当代地域性建筑这一概念的提出，是对当代建筑设计的一种多价空间与模式的探求，也将成为解决传统地域文化与现代技术诸多矛盾的一种有效手段，从而实现地域文化可持续发展的时代需要。基于和谐理念的当代地域性建筑具有开放性、共融性、多元性、动态性和客观性的特征。

3.3.2.1 开放的地域性

开放性是当代地域性建筑内涵的重要特征。传统的建筑地域性概念认为本土与全球化是一对不断发生冲突与矛盾的载体，地域主义作为对抗和抵制全球化的思想和方法而存在。传统的建筑地域性概念采取绝对的历史主义的态度，拒绝与外界交流。这是一种静态的、保守的地域思想，在建筑实践上多表现为对传统地方材料的简单运用和对旧有建筑形式的模仿。

当代建筑的地域性否定封闭、静止的地域观念，将地域性与人类文明的整体进步相融合。认为每一种文化都会受到外来文化的影响，所以文化必须是开放的，在保持其自身特性的基础上，勇于接受新的有利于发展的因素，摒弃不利于发展的传统因素，具体表现在从传统地域环境概念向现代地域文化观念的演进。建筑在保持对地域气候环境适应的基础上，打破封闭和单一的观念，向美学观念、生活模式、宗教信仰等地域文化方面拓展，从封闭自律性的生存系统向开放的社会文化系统发展。

3.3.2.2 共融的地域性

对立要素的互融共生是当代地域性建筑内涵的另一个特征。在设计中，表现为传统文化与现代文化、外来文化与本土文化互融，国际性文化与地域性文化相互转化，乡土技术与现代技术嫁接，高科技与传统手工艺并置，等等。建筑的全球化事实上自20世纪30年代的"国际风格"就开始了，由于意识形态的关系，我们曾以"民族风格""社会主义新风格"加以抵制。今天，我们应当以开放的心态，看待内容已经大大丰富了的全球化和地域性之间的关系，"多元共存""和而不同"是当今世界的总特征。原有的地域性建筑，往往存在一些不易克服的难点，例如窑洞的某些缺陷，会背上不易推广的包袱。在过去，解决问题的第一选择，往往不是求助于技术，这就限制了解决问题的方法。地域性建筑的"升级换代"，关键是提高技术含量，使地域性和技术性并进。这就要求建筑师关注相关技术的发展。

3.3.2.3 多元的地域性

和谐不是抽象的无差别的绝对等同，而是多种不同因素、不同成分、不同方面相互联结，构成事物的统一。和谐是以外部世界的差异性和多样性为前提的，它内在地包含多样性和差异性。

当代的地域文化构成本身就应是一种多元文化的共生与融合。多元是当代地域性建筑的一个重要特征，其表达的内容包括气候与环境、技术与人文、信息与能量、生态与社会等——从关心建筑的地理特征，到表达建筑的文化环境特性；从对具象形态的模拟到对场所精神的创造；从景色和空间的巧于因借，到对气候和环境的灵活适应；从被动应对自然环境到主动维护生态环境和创造绿色建筑等。此外，语言学、类型学和符号学等方法的运用，极大地拓展了传统地域性建筑的内涵和表达空间。

3.3.2.4　动态的地域性

矛盾是事物发展的根本原因，是辩证法的根本原则，世界上的万事万物都是相互联系、相互影响的，都是在和谐与不和谐、协调与不协调的矛盾运动中变化发展的。因此，必须确立这样的理论视角："和谐"是一个动态的渐进的变化过程，是在矛盾运动的过程中动态地实现的。

地域性是动态发展的，它既有着历史的延续性，又是不断的发展着的。因此，不能认为过去的地域性是一成不变的，地域传统和地域自然、文化、技术因素的特殊性不是静止于某个历史阶段的，地方本身就处于发展之中。地域性研究需要考察传统和历史，但其根本的着眼点则是现在的实际生活和人类美好的未来，所以，动态连续的地域性在不同的时代中表现出不同的特征。

当代建筑的地域性表达不仅面对原有地域性的延续和发展，而且需要通过再阐释获得具有现时和未来意义的新地域性。因此，除其缘地性内涵，地域性还更加强调时代性与文化性；强调源于社会的时代精神和源于自然的创新精神，其形式是新时代的建筑技术和生活方式以及文化的综合反映。

3.3.2.5　客观的地域性

探讨地域性，本质上是追求建筑的"真实性"。建筑不仅是人遮风避雨的庇护所，也是人与环境之间的调节器。地理与气候因素，既影响人的精神世界，同时也制约了建筑的形式。这种制约，不能简单理解为消极的。人的主观因素，很大程度上也会影响到建筑的可能形式。建筑的地域性研究，既不是环境决定论，也不是文化决定论，是对大量自发性客观建造的关注。

对建筑"真实性"的追寻，是在各种各样的条件下，探讨建筑如何真实地表达自身所处的环境、所拥有的资源、所直面的问题。技术条件的进步，使我们逐渐远离自然所提供的各种可能性。真实地表达对自然环境、社会文化的尊重，对技术的适宜的选择，对实际问题的客观分析，是研究地域性建筑的基础。

上述探讨的开放性、共融性、多元性、动态性和客观性是当代地域性建筑特征的不同层面，这些层面构成一个相辅相成的整体。

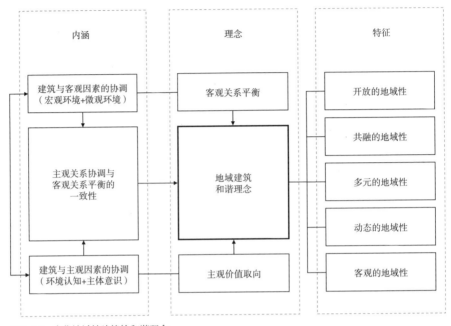

图3-24　当代地域性建筑的和谐理念

　　地域性建筑是时代的产物，地域主义建筑思想产生于抵抗单一的普遍模式的需要。在经济、政治、文化、思想方式日益全球化的今天，当代地域性建筑的提出，使当代建筑创作更加呈现出多样性和秩序性（图3-24）。

3.3.3　当代建筑设计的一种理念和方法

　　作为当代建筑地域性设计表达的一种理念和方法。在当代建筑创作中，根据地域化的设计创作思想与理念，在方法上利用现代科技与材料手段，针对地域某种自然条件和文化特点而设计建筑。这种理念和方法相比传统的地域性建筑观念有更大的适应性，并且在形态上体现出一个地区典型的地域性特征。因此，基于和谐理念的当代地域性建筑设计表达是当代建筑创作的一种思路。

3.3.3.1 作为一种设计理念

基于和谐理念的当代地域性建筑设计表达作为一种理念，把地域性影响因素扩展到建筑创作中的客观因素和主观因素的关系上，并以此作为建筑创作的本源，这种设计理念揭示出一种本质的、内在的地域性特征。

作为一种设计理念，首先它承认建筑与地域环境之间具有契合的关系，并把地域性影响因素作为建筑创作的本源。地域性影响因素涉及在建筑设计中关注主观与客观因素及其平衡的一致性关系；其次，这一理念把建筑创作的主体和目标扩展到地域环境的整体，不仅包括地域环境因素，也包括基地环境因素和人的主观价值取向；第三，地域性影响因素作为建筑创作理念，是建筑设计的方法之一，在具体建筑创作中往往与其他设计理念并存。

当代地域性建筑的影响因素具有"时间"和"空间"双重维度。首先，在"时间"维度上，地域性建筑表现为符合时代要求的建筑，强调建筑与时代的互动，创造能够表达出现代社会价值观、文化观，满足现代生活方式的地域性建筑。其次，在"空间"维度上，当代地域性建筑是在一定自然地理或社会文化意义空间范围内的建筑。特定的地域环境因素、基地环境因素，以及人的主观因素深深地影响着建筑的特性。

所以，基于和谐理念的当代建筑地域性设计表达作为一种理念，是将传统地域的生成原则与意义渗透至当代建筑的深层结构中，并转换为符合当代社会秩序的新形式。这一理念实质上是在寻求传统地域特征持续发展的源泉和动力。"地域建筑不能代表建筑创作中的一切，但能在建筑创作中与地域文化进行对话的建筑比没有对话的好"。[1]这也正说明我们将其作为一种设计理念的原因。

3.3.3.2 作为一种设计方法

基于和谐理念的当代地域性建筑设计表达作为一种方法，是处理全球化与地域性、现代与传统矛盾的具体方法，也是解决问题的一种思维方式。它

---

1 王小东. 西部建筑行脚：建筑创作生涯自述［M］//2007中国建筑学会学术年会论文集，2007：20–35.

一方面批判性地激发了地域性建筑的活力；另一方面又修正性地丰富了现代建筑的内涵，使建筑的全球化和地域性这一矛盾具有非对抗性，并具有可调节性。

作为一种设计方法，它首先是以积极的、开放的态度来看待建筑的地域性与全球化问题，提倡地域传统与现代全球文化的和谐共融；其次，当代地域性建筑在思想上表现出对当代建筑思潮及其国际式风格的扬弃，还表现出对以往封闭环境中相对消极的、静止不变的地域建筑的扬弃；第三，它是一种追求建筑本质属性的方法论，而不是像其他"主义"那样更多地关注于形式。当代地域性建筑是从地域环境因素、具体基地环境条件，以及建造活动中人的主观价值取向的整体出发，在具体的设计中解决具体问题。它强调"此时、此地、此情"，是一种理性与感性的结合，是人、建筑与自然、社会的结合。它表现出一种传统与现代，地区与世界整合的特质。

全球经济、文化的频繁交流，使建筑的影响因素，从种类到权重都发生着变化，建筑的地域性特征也逐渐改变。基于和谐理念的"当代地域性建筑"这一概念的提出，作为一种设计方法，对建筑地域性与全球化文化、传统地域文化与现代技术之间的矛盾具有链接和调和作用，也将成为解决传统地域文化与现代技术诸多矛盾的一种有效手段。

3.4 本章小结

综上所述，可获得以下认识：

1）当代地域性建筑这一概念，既以全球化为背景和前提，又对全球化表现出批判的精神。这表明当代建筑在全球化和地域性之间表现出一种非对抗形式，体现了和谐的本质关系。

2）基于和谐理念，对当代地域性建筑研究内容的多层次关系进行整合，使当代地域性建筑研究更能反映设计活动中的具体情况及其之间的复杂关系，为当代建筑地域性设计表达提供具体的方法和依据。

3）基于和谐理念的当代地域性建筑释义，揭示出建筑地域性的本质具有和谐性特征。它把地域性的影响因素作为建筑创作的本源，自内而外地揭示出一种内在的建筑地域性特征；它又是处理地域性与全球化矛盾的具体方法和平衡地域建筑活动中主客观关系的实际手段。

基于和谐理念的当代地域性建筑的阐释：第一，强调建筑活动现实性，把地域性的影响因素作为建筑创作的本源，即注重场所和地形、当地气候，以及文化、生活习俗等地域特质；第二，强调建筑活动中主客观关系，即人的主观价值取向与客观地域环境条件平衡的一致性。它是平衡这种主客观关系的方法和手段；第三，表明地域性和全球化之间是一种非对抗形式关系，又为协调地域性与全球化矛盾提供具体的方法。

因此，基于和谐理念及其规律对当代建筑地域性进行研究，可以推进和细化当代建筑的地域性理论与实践，为建筑创作中的地域性设计表达提供具体的理念和方法；从理论上丰富和深化了批判的地域主义理论，对当代建筑创作的地域性设计表达具有积极的意义。

第四章

地域性建筑的和谐系统性
及其当代阐释

从和谐理论的视角，对建筑地域性的多层次内容及其关系进行整合，反映建筑地域性内涵，揭示出了建筑地域性的本质具有和谐性特征。本章将从系统科学视角和思维方式出发，进一步探讨地域性建筑具有和谐系统性，及其当代表现特征，这将有助于当代地域性建筑理论与设计方法研究。

4.1 地域性建筑系统

地域性建筑系统是人地关系地域系统的一个组成部分。地域性建筑系统是在一个特定的地区空间范围内，由相互联系、相互作用的建筑及其周围自然环境和社会环境，以及与之相联系的主体所构成的有序、动态、平衡的有机整体。

"所谓系统，就是指由一定要素组成的具有一定层次和结构，并与环境发生关系的整体"[1]。我国科学家钱学森对系统的定义是："把极其复杂的研究对象称为'系统'，即相互作用和相互依赖的若干组成部分结合成的具有特定功能的有机整体。而且这个系统本身又是它所从属的更大系统的组成部分"[2]。

系统是相互联系的诸要素的整体集合，是由相互联系、相互依赖、相互制约、相互作用的事物组成的具有整体功能和综合行为的统一体。吴良镛教授提出"融贯的综合方法"，他指出，"一、利用现代科学的成果、方法、工具；二、建立能够处理复杂系统的整体与部分之间关系的方法论，这意味着在这融贯学科中进行巨系统的整体思维；三、在整体思维中，把复杂问题分解为许多子目标。基于'系统分解'，化复杂为一般，逐步拿下相应关键部分"[3]。

1　［美］冯・贝塔朗菲. 一般系统论［M］. 北京：社会科学文献出版社，1987：46.

2　钱学森. 论系统工程［M］. 上海：上海交通大学出版社，2007：10.

3　吴良镛. 广义建筑学［M］. 北京：清华大学出版社，1989.

何镜堂教授提出了"两观、三性"的创作观念，即"整体观、可持续发展观"，"地域性、时代性、文化性"，提倡采用一种整体综合观念看待地域建筑设计。他认为"建筑是一个系统工程，其中包含着整体的、系统的思维方法。从纵的方向看，建筑要考虑过去、现在和未来；从横的方向看，它与社会、经济、文化、哲学，还有科学技术都有密切关联"。[1]

两位教授从不同的视角，论述了建筑作为系统研究的意义。地域性建筑的建造是一项系统工程，它是在特定的空间和时间背景下，综合了多方面因素的复杂系统。把地域性建筑作为一个系统，运用系统思维来理清地域性建筑系统要素及其构成关系，有助于研究地域性建筑和谐系统性。

4.1.1　地域性建筑系统要素构成

完整的系统描述，包括四个基本因素：系统的组成、系统的结构、系统的环境和系统的功能。系统是由要素构成的，要素是系统最基本的成分，是系统存在的基础。离开了要素系统就无从谈起。要研究地域性建筑系统，就必然要研究地域性建筑系统要素的构成。我们不妨建构地域性建筑系统，从系统的角度来研究其要素的构成。

4.1.1.1　人地关系地域系统

研究地域性建筑系统，我们应认识它从属的更大的系统——人地关系地域系统，这有助于清晰地厘清地域性建筑系统的概念。人地关系地域系统的要素构成复杂多样，标准不同，要素的分类也不同。任启平在他的"人地关系地域系统结构研究"中根据要素的形态特征和功能作用的差异，将人地关系地域系统的要素主要分为四种，分别是基础性要素、核心性要素、驱动性要素、管理性要素[2]（图4-1）。

基础性要素。基础性要素是人地关系地域系统运行所必需的条件和基

1　何镜堂. 当代中国建筑师——何镜堂［M］. 北京：中国建筑工业出版社，2000.

2　任启平. 人地关系地域系统结构研究［D］. 东北师范大学，博士论文，2005：26.

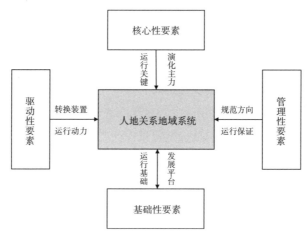

图4-1　人地关系地域系统要素构成

础，主要包括自然条件、自然资源、交通通信、社会文化、历史基础等。基础性要素提供了人地相互作用的场所和环境，系统在这些要素的基础上得以发展和演化。

核心性要素。基础性要素为人地关系地域系统的发展提供了物质基础和发展的平台，但系统的发展在很大程度上取决于系统中核心要素的流动、组合及其分布上。核心要素又称为生产性要素，主要包括劳动力、资本、技术、信息等。

驱动性要素。驱动性要素由基础性要素和核心性要素之外的相关元素组成，其本身并不能给系统的发展提供动力和能源，即它不是"汽油"，而是"发动机"，是一种转换机制。

管理性要素。人类自出现以来，就一直生活在一定的制度环境和制度安排中。作为管理性要素，制度要素贯穿于人地关系地域系统发展的全过程，制约着人地关系发展的水平、规模和程度。制度内涵丰富而且涵盖面广泛，一般是指由社会强制执行的社会行为规范和非强制性的习俗、道德、伦理、宗教等行为规范的总称。

人地环境地域系统要素，指构成系统整体的必要因素，是系统中对整体性质和结构起主要和关键作用的元素，是系统整体的一部分。正因为系统内部要素之间复杂的非线性关系，地域系统内部的结构也复杂多样，并由此表现出不同系统整体功能的差异。

要素与系统、环境关系密切，构成系统的各个部分就是它的要素，而系统所从属的更大系统就是它的环境，三者相互作用、相互依存。要素作为系统的组成部分，只有在系统整体中才能体现出要素的意义，也只有在系统的整体运动中要素的特性才能凸现出来。系统作为由要素组成的有机整体，是要素的存在方式。

作为系统的组成部分，要素必然受系统的支配、约束和限制。环境总是系统所处的环境，系统只能是在一定环境条件下的系统，任何一个系统又是更大系统的组成部分，即它是作为环境的要素出现的。三者的划分不是绝对的，在一定条件下可以相互转化。要素或环境的改变都会影响到系统的性质，而系统性质和状态的改变也会对要素和环境产生一定影响。因此，三者之间的相互作用是双向的，而不是单向的。一切现实的系统，不能脱离开它的环境而独立存在，三者之间通过物质、能量和信息的交换而产生相互作用，共同推动着系统的发展演化。

4.1.1.2　地域性建筑系统要素构成

地域性建筑系统由地域的自然、社会、人文、技术、经济等方面的要素构成，每一方面又是一个复杂的子系统，这些子系统的相互联系、相互作用构成了地域建筑的整体系统。地域性建筑系统要素构成复杂多样，标准不同，要素的分类也不同。其建造过程所涉及的内容，主要分为客观要素和主观要素两类。其中客观要素包括地域宏观要素和微观具体要素；主观要素包括人对地域环境的认知，以及建筑建造过程中人的主观作用因素（图4-2）。

地域宏观要素包括地域气候、生态环境、自然环境、地形地貌特征、社会组织结构、社会文化、生活方式、经济形态，等等。

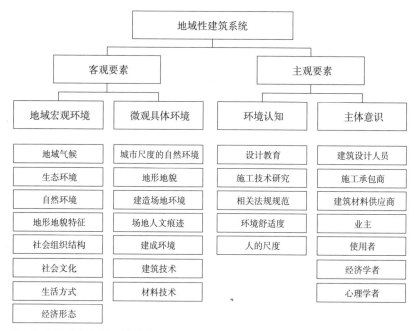

图4-2 地域性建筑系统要素构成

微观具体环境包括城市尺度的自然环境、地形地貌、建造场地环境、场地人文痕迹、建成环境、建筑技术、材料技术,等等。

人对地域环境的认知要素包括设计教育、施工技术研究、相关法规规范、环境舒适度、人的尺度,等等。

建筑建造过程中人的主观作用因素包括建筑设计人员、施工承包商、建筑材料供应商、业主、使用者、经济学者、心理学者,等等。

地域性建筑系统是一个有机整体,具有多样性、关联性、连续性和复杂性。其各种要素都不是孤立存在的,也不是偶然聚集在一起的,更不是静止不动的,这些因素相互影响、相互制约。地域性建筑系统要素划分的不同层次具有相对性。每一个系统是更高一级系统的组成要素,又是更低一级的系统。总之,要素是构成系统的基本单元,是对系统组成部分的抽象概括。地域性建筑系统是由诸多子系统组成的，各个子系统通过要素的相互作用、相互联系、相互制约，进而组成一个统一的有机整体。

追溯建筑产生的源头，人的需求是营造活动发生、发展的源泉。人根据需求在生产力的推动下，不断按照从提出需求向满足需求的动态演进，具有由低级到高级的层级结构，原有的低级需求得到满足，新的更高一级的需求便随之产生，社会不停止发展，人的需求永无停歇，呈现出自组织的无限循环状态。人的需求包括物质和精神两个方面，其中物质的需求是最基本、最本质的方面，精神的需求由物质需求所派生，且贯穿于物质需求之中，反作用于物质需求。

主观与客观的关联是一种提出需要与满足需要的关系。人根据需求提出了某一阶段的发展目的，进而对要素的发展方向、关联方式起整体的制约作用。这种制约作用通过建筑技术的构筑方式、结构形式、装饰工艺的作用机制表现出来，在建筑空间的营造中表现等级秩序、内在秩序、外在秩序的规定性。建筑的营造机制和空间构筑原则，共同构成物质形态的存在方式，进而塑造建筑的空间品格，表达建筑的精神内涵。

当代地域性建筑系统和谐主观与客观的关联结构模型的意义在于从整体上调整、支配建筑的整体营造活动，使它服务于社会，满足人生理、心理的需求（图4-3）。

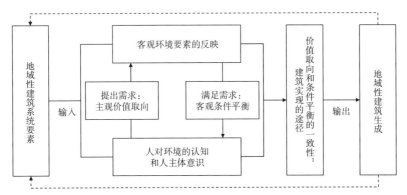

图4-3 地域性建筑系统要素构成关系

4.1.2 地域性建筑系统的结构

4.1.2.1 对系统结构的基本理解

系统不是其组成的各个要素毫无联系、偶然的堆积物。系统的各个要素必然处于一定的相互关系之中，这些要素相互联系、相互作用形成相对稳定的特定的组织形式，才构成系统。

与所有的系统一样，地域性建筑系统由要素和结构组成。地域性建筑系统尽管有地域的差别，但其却具有共同点。所有的地域性建筑系统都由要素或子系统构成，并通过系统要素之间物质、能量、信息流通和转换而相互作用，使系统形成一种完整结构，具备一种全新的整体功能。这种整体功能是单一的要素或子系统所不具备的。在一般情况下，这种整体结构对地域建筑的影响更有意义，地域性建筑系统正是通过整体结构而实现其功能的。地域性建筑系统结构研究的目的就在于从系统内部诸要素的联系中完整地认识事物，从而从整体结构层次上，对地域性建筑有更加清晰的、完整的理解，实现系统完整，把握地域性建筑系统与其所处地域环境之间关系。

一般而言，结构主要包括以下两种相互联系的观点：一是任何一个被作为独立对象看待并且有完整意义的事物都是由一定的要素（或成分）组合而成的；二是组成事物的要素并不是杂乱无章的，而是按一定的方式、原则有序组合而成的，要素之间要产生一种较为固定的关系，从而成为具有相对稳定性的统一整体。[1]因此，系统结构就是指系统内部各要素之间相对稳定的，具有多种表现形式的组织方式或分布方式的关系体系。

4.1.2.2 地域性建筑系统的结构关系

地域性建筑系统是一个由多个子系统耦合而成的复杂系统。地域性建筑系统的结构是指地域建筑环境的各组成部分与地域建筑体系中各要素之间相互作用、相互依赖所构成的比较持久、稳定的组织模式。

1 韩渊丰等. 区域地理理论与方法［M］. 西安：陕西师范大学出版社，1993：179.

对于地域性建筑系统要素结构的分类，依据不同的标准有不同的分类方法。如按照系统所属不同的层次，可把地域性建筑系统的结构分为微观结构和宏观结构；按系统内部与外部环境之间的关系，可把地域性建筑系统分为内部结构与外部结构；按系统内部要素的组织或分布方式，可把地域性建筑系统分为空间结构与时间结构等。

结构是影响和制约地域性建筑系统功能发挥的内在因素，也是系统得以成为有机整体的内在根据。结构的可控制性是地域性建筑系统得以改进和优化的前提。客观的环境因素和人的主观因素是地域性建筑系统结构研究的主要内容，其中，每一个层面的问题都是其他领域问题产生的基础，解决每一个层次的问题都要依赖于其他方面问题的解决，同时也为解决其他领域的问题提供了前提条件。

地域性建筑系统性就是一个由多种层面要素构成的整体体系，各种层面之间通过复杂的关系联结成一个复杂的结构系统。因此，对地域性建筑系统结构的关系及其规律分析的研究，对认识地域性建筑和谐系统性有着重要意义。

4.2　地域性建筑的和谐系统性

探讨地域性建筑和谐系统性，在于从主观价值取向和客观关系平衡的一致性出发，对地域性建筑系统要素及其构成关系进行解析，从而把握地域性建筑系统的总体特性。

4.2.1　和谐的系统含义

系统和谐是和谐理念中的一个核心概念。系统和谐的基本思想就是如何使各子系统形成一种和谐状态，从而达到整体和谐的目的。地域性建筑系统的和谐性就在于试图把握系统各部分中相互作用表现出来的一致性关系，同时围绕人与自然、社会互动的关系特性，探讨地域性建筑设计过程中主观价值取向和客观关系条件平衡的一致性，从而更加有效地把握地域性建筑系统的整体特性。

4.2.1.1 系统的一般特性

1）系统的定义

一般地，系统是由若干个可以相互区别、相互联系而又相互作用的要素所组成，在一定的层次结构形式中分布，在给定的环境约束下，为达到整体的目的而存在的有机集合体,从中可概括出有关系统的若干概念：[1]

（1）系统与要素的关系。系统是由诸要素（组成部分）组成的整体。

（2）系统的结构。诸要素相互作用、相互依赖所构成的组织形式。

（3）系统的层次。系统可以划分为不同层次，层次的划分具有相对性。任何系统都是更高一级系统的组成要素，但任何系统的要素又是更低一级别的系统，即所谓"向上无限大，系统变要素；向下无限小，要素变系统"。

（4）系统的功能。系统具有目的性或功能性，这是系统与环境相互作用的表现形式。

（5）系统的环境和边界。一个系统以外的又与系统有关联的所有其他部分叫作环境，环境与系统的分界叫作系统边界。

2）系统的一般特性

系统的思维方式代表着一种世界观，称为"系统世界观"，在系统世界观看来，世界既不是一个无法分割的实体，也不是一连串相互间毫不相关的现象。每一个事物总是处于和其他事物相互关联、相互作用的整体关系中，相互发生作用关系的事物就形成了系统。所有的系统都具有下述特征：

普遍性。它不仅指世界处处是系统，也指世界的发展普遍呈现为系统的形式。这就是说，事物的发展也具有系统的特征。它总是通过整体的发展而表现出来。而整体的发展变化主要是系统的要素、层次、结构与环境等各个方面共同起作用的结果，而不是某一个方面的作用。

---

1 高志亮，李忠良. 系统工程方法论［M］. 西安：西北工业大学出版社，2004：9.

层次性。系统与要素（子系统）的划分是相对的，一个系统只有相对于构成它的要素才是系统，而相对于由它和其他要素构成的系统它又是子系统（要素），因此，系统具有层次性。各层次之间存在着一定的联系和相互作用，形成特定的整体结构和特定功能，它从属于更大的系统。系统之外的一切事物构成系统的环境。系统若与环境及其他系统之间进行物质能量的交流则为开放系统，若只进行能量而不进行物质的交流则为封闭系统，如地球就是个封闭系统。若不进行任何交流则为孤立系统。但是，任何所谓的封闭系统、孤立系统都是相对而言的，天地间没有绝对的封闭系统和孤立系统。

整体性。整体性主要表现为整体联系的统一性，即整体是基本的，而部分是派生的。各部分是按整体的目的发挥它们的作用的；它们不能脱离整体而孤立地存在，而是按照一定的关系，根据整体活动的需要，相互协调一致地活动着。当一个部分活动时，其他部分也会与它配合，进行相应的运动。因此，部分的性质和它的功能都是由它在整体中的地位确定的，其行为为整体和部分的关系所规定。[1]

有机性。有机性又称相关性或关联性。系统之所以能保持为一个整体，关键是组成系统的要素之间保持着有机的联系。因此系统具有有机性。这首先反映在系统与要素之间的关系上：系统中的各个部分只有在系统中才能体现出它具有部分的意义。其次体现在运动中：要素所具有的那种整体特性只有在运动中，按一定的规律进行着整体与部分、部分与部分、整体与环境之间的物质、能量和信息的交换，并且在交换中保持整体一定度的条件下才能体现出来，而系统整体也只有在这样的条件下体现为一定的系统的质和功能，而要素身上的那种构成系统整体的特性才得以体现。因此，有机联系是系统能进行有规律的运动，出现部分所没有的系统特质，并表现出一定的系统特性和系统功能的原因。有机性是系统的凝固剂，系统的有机化程度越高就说明系统各个部分之间的相互联系越紧密，系统就越有序。否则，系统各

---

1 邹珊刚，等. 系统科学 [M]. 上海：上海人民出版社，1987：第二、三章.

个部分之间的相互联系程度就下降，直至为零。系统也就是无序的、混乱的。

非加和性。系统具有非加和性，意味着整体不等于部分之和，它是系统整体和子系统之间的非线性关系的体现。其一，系统的性质、功能和规律不同于其构成要素的性质、功能和运动规律；其二，构成系统整体的要素具有它自身所没有的整体性，这与它们各自独立存在时有质的区别。系统存在非加和性的主要原因是系统的各个子系统之间存在着相互作用。因此，每一个子系统的性质与行为要依赖其他子系统的性质与行为，并影响着其他子系统的性质与行为，因而必然会使系统整体中的子系统的性质与行为不同于它在孤立状态下的性质与行为。同时，各个子系统遵循一定的方式相互联系、相互作用后形成的整体，就会产生其各个子系统所没有的新特质和新功能。系统与子系统之间相互联系越紧密，相互作用越强，系统的加和性就会越来越多地转为非加和性，非加和性也就越在系统中居统治地位。

环境适应性。系统之外的所有其他事物或存在即为环境。环境是系统存在的必要条件。系统的生存和发展都要依赖于环境。系统的整体性一方面是在系统内部各要素间的相互作用中体现的，另一方面是在系统与环境的相互联系中体现出来的。

环境与环境之间进行物质、能量、信息的交流，环境给系统提供生存发展所需要的条件，这是它对系统所起的积极作用；同时也可以给系统施加约束，限制系统的生存发展。因此，不同的环境造就不同的系统，所谓"一方水土养一方人"，说的就是这种情形。同样，系统对环境也能产生改造和破坏两种相反的作用。因此，环境又是由组成它的所有系统共同塑造的。[1]

环境与系统相互作用的结果也有可能使环境失去原有的功能。因而，一方面，系统就要有一种特殊的功能，来适应环境的变化，即具备环境适应性。另一方面，环境本身也会因系统的作用而被改造。系统与环境的关系的复杂性决定了在系统研究中不能仅就系统本身进行分析，"而始终是既研究系

1 整理自：苗东升. 系统科学精要（第2版）[M]. 北京：中国人民大学出版社，2006：43-45.

统，同时也研究与系统有关的环境"，即通过环境研究系统，同时，又通过系统研究环境。

4.2.1.2　和谐系统的规律和特征

1）和谐系统

和谐系统的核心基础是：任何系统之间及系统内部的各种要素都是相关的，且存在一种系统目的意义下的和谐机制。事物是作为系统而存在的，和谐是系统内部各要素之间、各个子系统之间的协调统一，对于和谐必须进行整体性、系统性的把握。一方面，必须关注系统各要素的相关性。和谐系统作为一个有机的统一体，依赖于要素与要素的相关性，对此要有相应的研究，以便更好地理解对立面的和谐是怎样产生的，进而从整体上保持各要素之间的相对平衡，避免片面的、畸形的、单一要素突进而破坏和谐的统一体。另一方面，必须关注系统的有序性。和谐是系统内部各个要素协调有序的表现，系统内部诸要素协调有序，系统就会运行平稳；反之，如果诸要素之间的关系处于紊乱无序状态，整个系统就会出现混乱和冲突。在现实生活中，不和谐状态的存在是绝对的，而和谐则是相对的，和谐的目的即是使系统由不和谐逐步趋近和谐的状态。

一般系统论的创始人贝塔朗菲借用亚里士多德的著名命题"整体大于部分之和"来表述，已被系统科学界普遍接受。[1] 李立本在"系统的和谐与和谐观"的论述中，把整体功能大于其组成部分（元素、要素、子系统）功能之和，能产生其组成部分在孤立状态中所没有的新性质的系统叫和谐系统；反之，若整体功能小于其组成部分功能之和，丧失组成部分在孤立状态下的性质的系统叫不和谐系统。[2]

席西民教授认为，"和谐主要指各子系统内部诸要素自身、各子系统内部诸要素之间以及各子系统之间在横向的空间意义上的协调和均衡，即不同事

1　苗东升. 系统科学精要（第2版）[M]. 北京：中国人民大学出版社，2006：56.
2　李立本. 系统的和谐与和谐观[M]. 自然辩证法研究，Vol.14，No.5，1998：38.

物内在与外在关系的协调"[1]；并在"和谐管理理论基础：和谐的诠释"中阐述：
"系统和谐性是描述系统是否形成了充分发挥系统成员和子系统能动性、创造
性的条件及环境，以及系统成员和子系统活动的总体协调性。"[2]

综上所述，和谐系统是由相互协调、补充的要素与结构组成的系统，该
系统能适应外部环境的变化，保持良好的发展态势，其整体功能始终大于组
成部分功能之和。反之，这个系统就会出现不和谐状态。对于一般系统来
说，和谐系统可从三方面作衡量。一是系统的构成和谐。系统是由要素构成
的。要素的组合是否合理协调，将影响系统的整体功能；二是系统的环境和
谐：环境是系统运行的介质，协调的环境，有利于系统功能的正常发挥；三
是系统的机制和谐。系统按照何种规则运行，系统对外部环境的适应能力如
何，系统运行平稳性等都反映系统机制的和谐性。

2）和谐系统的规律和特征

系统内某要素与系统外环境因素之间直接的、间接的作用与影响形成了
和谐关系。全部和谐关系大于每个和谐关系之和，系统要素间存在合作性、
协调性、一致性。根据上述阐述，可以归纳和谐系统具有以下四条规律：

服从律。和谐强调的是系统的统一性，作为系统的要素，除要发挥其自
身的作用和功能外，还要服从于系统的整体功能。每一系统在形成之时，都
有明确的目标和任务，而这些功能的实现，必须依赖系统组成要素各自作用
的发挥。因此，建立和谐的系统，在强调要素发挥各自功能的同时，更要强
调要素的服从，也就是说在必要的时候，可以牺牲局部的利益，而去追求系
统整体利益的最大化。

层次律。和谐有丰富的层次。就系统整体而言，由于内部负效应始终存
在，因而其功能总有潜力可挖；从系统内部来看，可划分为许许多多层次的
子系统，每个子系统、每个层次都有不同的和谐性；从横向比较角度出发，

---

1 席酉民. 和谐理论与战略 [M]. 贵阳：贵州人民出版社，1989.
2 黄丹，席酉民. 和谐管理理论基础：和谐的诠释 [J]. 管理工程学报，2001，3：69.

组成要素相似的不同系统，其和谐性也不相同。和谐的层次性也就是和谐的相对性，系统的不和谐是绝对的，系统的和谐却是相对的，现时的和谐系统并不意味着以后仍然和谐，而和谐系统发展的目标是下一阶段达到更进一步的和谐；上一层次系统对下一层次的子系统有更高的和谐要求。任何一个和谐系统，与其他和谐系统比较，总有可学习可借鉴的地方。

统一律。和谐是系统整体性的表现，而系统的整体性又表现为系统各层次间联系紧密，功能上相互补充，对外表现出整体统一性。和谐是系统多样性的表现，由于系统的构成和功能不同，系统的运行模式和机制也各不相同，责任明确、结构合理的系统具有合作精神，自由的空间、宽松的氛围使系统具有创造力，丰富的模式、广泛的信息交流使系统极具竞争力；而千篇一律、呆板僵化、责任不清则使系统走向无序甚至消亡。对于系统内要素层次的多样性，外部环境变化的复杂性，和谐系统必须有有效的协调机制，能使协同、竞争甚至斗争归入有序轨道，维持系统功能的相对稳定，增加和谐性。和谐统一是系统存在的依据和发展的动力。协同与竞争只是维持和增加和谐的方式和手段。

进化律。和谐系统是自身不断发展、结构不断完善、和谐性不断增强的系统。环境影响、内部要求、新陈代谢是进化的动力；协同与竞争并存，渐变与突变同在，稳定与随机兼具构成进化的多种模式；序列易位，要素重组、构型变换是系统进化的多种方式；增强总功能、凸现新性质、适应新环境，融合新要素是进化的目的。系统的稳定是暂时的、相对的，进化发展是永恒的、绝对的。和谐系统可以靠外界物质能量的支撑而维持和增加有序性，不和谐系统将被削弱或消亡。

与和谐系统规律相联系，和谐系统还有四个重要特征。

开放性。开放性是任何系统得以存在和发展的首要条件和本质特性。任何系统本质上都是一种开放性系统。开放性思维从某种意义上反映了唯物辩证法关于事物相互联系的观点，即把事物与其周边事物相互联系起来进行考察的认识论维度。

整体性。整体性也是事物系统的本质特性。任何事物系统本质上都是一个由各种因素、各个方面或环节相互联系而构成的复杂的有机整体，同时它又与其他事物处在相互联系的整体过程之中。没有整体性就无法维持系统自身的存在及发展，系统的自身性质及其功能就是由自身系统的整体性所内在赋予的，这种整体性思维方式反映了事物所必然具有的有机联系。

复杂性。任何系统作为处在变化发展过程中的事物，也就是处在极其复杂的非线性联系状态之中的事物，具有多种变化发展的向度性。复杂性也是系统作为有机事物所必然具有的本质特性。正是这种系统自身的非线性的复杂性内在地赋予了系统变化发展的内在活力及运动机制。复杂性思维方式要求我们深入而细致地研究系统对象各种复杂的本质联系，以把握事物变化发展的多种可能性，从而正确地把握系统变化发展的趋势与规律。

动态性。系统作为各种构成因素相互联系的整体，它总是处在相互协调状态中而得以有序生存和发展。其自身构成因素的相互协调性及其与外部环境的相互协调性是系统自身得以存在的基本条件，也是系统维持自身有序发展的生存机制。有序协调发展的思维方式注重协调事物发展过程中的各种复杂关系，体现了从事物相互联系、相互作用中把握事物发展本质的思维方法。

4.2.2 地域性建筑的和谐系统性

基于上述系统的特性，以及和谐系统的规律和特征，结合地域性建筑系统的要素与结构的关系，地域性建筑的和谐系统性可以概括为三个主要特征：关联性、生长性和核心性。关联性是地域性建筑系统要素与结构的相关性表现，生长性是地域性建筑系统演化的环境适应性表现，核心性是地域性建筑系统要素的协同一致性表现。

4.2.2.1 关联性：地域性建筑系统要素的结构关系

系统论对结构的构成关系进行了这样的论述："为了支撑系统的结构，保持系统结构的相对稳定性，需要一个骨架层或基础层，就如同房子需要有支撑的栋梁和基础，人要有骨骼肌肉一样。除了硬骨架，系统还需要相对稳定

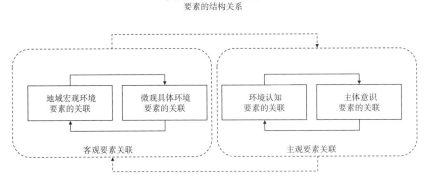

图4-4　关联性：地域性建筑系统要素的结构关系

的行为模式，这就是软骨架。系统如果没有骨架的支撑，就如同软骨动物一样难以生存发展[1]。"系统要素的结构是系统内部组成要素之间相对稳定的内在表现形式。系统中的要素相互关联、相互作用，产生系统起支撑作用的骨架。在这种骨架中，要素与要素之间的关系具有自发的制约性。其中不同要素之间的关联产生不同性质的功能，对系统骨架起不同的支撑作用。

　　地域性建筑系统也具有这种结构关系。地域性建筑系统由客观和主观等要素之间通过相互作用而形成相互联系、相互制约的关联方式，形成了系统的骨架（图4-4）。第一，系统客观要素的关联方式表现为建筑的自然性，造就了建筑的营造方式；第二，系统主观要素之间的关联方式是建筑社会性的反映；第三，系统主观要素和客观要素相互联系、相互作用，体现出系统结构的深层关系，形成建筑自然性与社会性的统一。

　　地域性建筑系统结构的关联方式，由三种不同功能性质的支撑方式构成：客观要素平衡——系统客观要素的关联，人的主观价值取向——系统主观要素的关联，客观要素平衡和人的主观价值取向的一致性——系统主观要素关联和客观要素关联的相互联系。

1　颜泽贤. 复杂系统演化论［M］. 北京：人民出版社，1993：170.

地域性建筑系统和谐的关联性，是系统要素的结构关系，是系统的支撑基础。这一关联性是地域性建筑系统要素相互关联在建筑建造中的具体反映。

4.2.2.2　生长性：地域性建筑系统要素的演化关系

在时间尺度上，任何系统都处于或快或慢的演化之中。系统演化有狭义的演化和广义的演化两种基本方式。狭义的演化指系统由一种结构或形态向另一种结构或形态的转变。广义的演化包括系统从无到有的形成，从不成熟到成熟的发育，以及从一种结构或形态到另一种结构或形态的转变。系统的存续也属于广义的演化，因为存续期间系统虽没有定性性质的改变，定量特征的变化却是不可避免的。

系统演化有两种基本方向：一种是由低级到高级、由简单到复杂的进化；一种是由高级到低级、由复杂到简单的退化。现实世界的系统既有进化，又有退化。两种演进优势互补。系统进化的总的方向是越来越复杂的。从简单系统进化到复杂系统，关键是潜在的中间稳定形态的数目和分布。先产生稳定的中间形态，再逐步产生更复杂的形态，是实现可能性最大的进化方式。[1]

关于系统演化的自复制有这样论述："为了使系统生命得以更新、延续和发展，需要有一个自复制的层次（或要素）。自复制是生命系统的一种基本特征，在保持环境条件不变，又存在相同或相似的内部机制时，产生同类的系统是极有可能的。这种情况被认为是自复制的雏形，复杂系统自复制功能就是以此为基础发展起来的。"[2]

地域性建筑系统是一个自组织系统，构成要素自发组织起来，是从无序到有序，从低级有序到高级有序的过程。演化可以说是系统结构的一种生长方式，系统所处环境的稳定性和要素关联的稳定性是生长的前提，并且需要主观的作用形成推进的动力，这样系统才得以生长。这种生长的实质就是保持系统结构的基本原形不变，通过不断的衍生，使系统结构不断扩充，内部关联的复杂性不断增加。

1　高志亮，李忠良. 系统工程方法论［M］. 西安：西北工业大学出版社，2004：187.
2　颜泽贤. 复杂系统演化论［M］. 北京：人民出版社，1993：18.

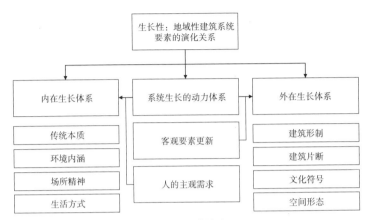

图4-5　生长性：地域性建筑系统要素的演化关系

从系统输出的内容来看，系统的生长由两种体系构成：外在生长体系——客观要素和主观要素显性要素关联方式的扩展；内在生长体系——客观要素和主观要素隐性要素关联方式的拓展。它们是系统结构生长的具体方式，使地域性建筑系统发展、延续。这两种生长体系通过客观要素和主观要素相协调，形成系统生长的动力：客观要素稳定关联的更新，以人的主观需求为潜在力量，是建筑系统自然性与社会性相统一的过程，是从单一要素到多要素的"合力"的综合演化（图4-5）。生长性是系统的衍生方式，它以动力体系供给的能量，通过空间体系进行扩展，时间体系进行延续，最终建立更加稳定的系统形态。

4.2.2.3　核心性：地域性建筑系统要素的协同关系

系统构成要素具有多样性和层次性，并包含着多种多样的关系结构，因此系统要素构成是一个相互关联的关系体系，把握系统就需要认清这一关系体系起决定性作用的核心。

系统论对结构的核心进行了这样论述："复杂系统往往是开放的，它会不断受到系统内部和外部各种因素的干扰。这些干扰使系统偏离原来的状态，甚至威胁系统的存在，这时系统就必须采取合理的步骤，对系统的结构、行

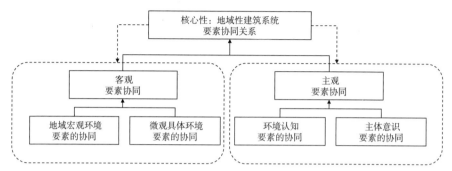

图4-6 核心性：地域性建筑系统要素一致性的关联形式

为及与环境的关系进行调整，形成核心层次（或要素），使系统恢复到原有的稳定状态或寻找更合适的稳定状态。同样，在系统外部也会有各种有用的资源，系统必须有选择地获取它、利用它，这也要求系统产生一种能对自己进行调控的功能，是一种被称为首脑或核心的专门层次。"[1]

地域性建筑系统的核心，是系统客观要素和主观要素协同所形成一致性的表现形式（图4-6）。第一，地域性建筑系统由客观要素和主观要素构成，系统的核心就是多层次的要素之间相互作用的协同关系，这一协同关系增强了系统的整体性；第二，系统核心产生一致性效应，使系统的构成形式变得清晰，使系统生存和进化明确了主导方向。

协同既是要素构成子集之间的协同，又是子集构成子集合之间的协同，是局部形成的整体的协同，是整体反作用于局部的协同。地域性建筑系统和谐的核心性，清晰和强化了系统要素和结构，增强了系统的整体性和主导性。

以和谐系统性的视角对地域建筑及其实践进行研究具有指导意义。首先，地域性建筑是人居环境的重要组成部分，它体现了建筑在设计过程中与特定的时间和地点，以及参与设计的人之间的逻辑承接关系。这一关系不仅

1 颜泽贤. 复杂系统演化论［M］. 北京：人民出版社，1993：257–261.

考虑地域性建筑系统的构成关系，而且反映出系统内在的逻辑；第二，地域性建筑系统在演进过程中，其内在关系并不会主动保持一致性。这需要在建筑设计过程中，正确理解和处理主观行为和客观条件之间的内在的关系；第三，有助于揭示地域性建筑的规律和特征，对当代建筑地域性的表达具有积极的作用。

4.3　地域性建筑和谐系统性的当代阐释

"地域性建筑的和谐系统性"的概念是一般意义上的，当代地域性建筑和谐系统性的研究，具有特定的时间和空间性质，具有区别于一般意义的地域性建筑系统的特性。这一节主要讨论地域性建筑和谐系统性的当代内涵及其表现。

4.3.1　地域性建筑和谐系统性的当代内涵

地域性建筑和谐系统性内涵体现在地域客观要素的平衡、主观要素的协调，以及这两者的一致性的关系上。在当代，地域性建筑和谐系统性的内涵具体表现在：人与自然环境的关系、人与社会文化的关系，以及人与客观要素和主观要素相一致的多层次技术的关系。

4.3.1.1　人与自然环境

可持续发展的思想虽然是在全球角度上的，但它只有与地域条件结合，才更有现实的、可操作的意义。建筑须与所处地域中的自然、生态环境相谐调，才能实现可持续发展的目标。因此，人与自然环境的关系，表现为地域建筑的自然特性，是基于可持续发展这一生态思想的当代地域性建筑系统在自然要素层面的延伸。

地域自然层面要素相互关联的目标是建造可持续发展的生态建筑，它代表地域建筑自然特性的发展。对自然要素层面的理解与把握是生成建筑地域性的自然特性的出发点。

对地域自然要素层面的把握是指对地域自然生态系统的利用与保护的程度，具体包括自然环境、自然资源保护与利用，以及地域建筑文化生态的保护与发展。

4.3.1.2　人与社会文化

人与社会文化的和谐表现为地域建筑的社会特性，其塑造的社会文化是制约建筑的方式。人类社会进入工业化以来，地域文化经历了从自发到自省的过程。在全球化进程中，人与社会文化的和谐关系取向表现为：首先，要积极接纳和吸收世界文化的最新成果，同时寻求地域文化传统的发展；其次，要立足创新，研究传统的真实延续和存在逻辑，发现其现实的合理性，将地域传统中最具活力的部分体现在当代建筑中，并实现地域传统文化创新与真实的延续，重塑建筑环境的场所感和文化认同感。

地域主观层面要素相互关联的目标是建立"和而不同"的建筑文化格局，它代表地域建筑社会文化特性的发展。对社会文化层面的理解与把握是生成建筑地域性社会文化的出发点。

对地域社会文化层面的把握是指地域文化的发展与进化的程度，它表现为地域建筑文化发展变化的社会心理尺度。具体包括需要创造性地联系过去与未来，保持地域文化可持续的价值与生命力，突破封闭、保守的地域观念，寻求地域文化与全球文明最新成果的结合，利用现代文明和技术手段延续和发展传统地域文化的深层内涵。

4.3.1.3　人与多层次技术

建筑技术的多层次建构是人与客观要素和主观要素实现一致性的途径，是技术与地域自然生态环境、历史文化传统以及社会经济发展状况的创造性结合。它使我们重新用理智和兼容的态度理解技术，将技术的发展纳入为人所需、为人所用的轨道，实现人与技术的平衡发展，并且协调人与自然、社会的关系，创建理想的人居环境。

地域技术层面是指地域现实的经济技术条件，它建立在地域文化传统与地域生态系统的联系之上，代表人与自然、社会的对话。对地域多层次技术的理解与把握是生成建筑地域性技术的出发点。

地域主观和客观的一致性是地域技术改进与选择的标准。具体包括传统地域技术的改进与升华，适用技术的选择和高技术的地域化等若干层次。需要指出地域技术的改进与选择应立足于地域性建筑系统的现实条件，以及地域人的主观价值取向。

4.3.2　地域性建筑和谐系统性的当代表现

地域性建筑和谐系统性的当代表现，具有特定的时间和空间意义。与地域性建筑和谐系统性的关联性、生长性、核心性相联系，当代建筑地域性和谐系统主要体现在三个层面：整体性、延续性、主题性。三者构成了当代地域性建筑和谐系统性的总体特征。

4.3.2.1　整体性：地域性建筑系统关联性的表现

"一般系统论的任务是科学地探究'整体'和'整体性'"。[1]"系统是由许多部分组成的整体，所以系统的概念就是要强调整体，强调整体是由相互关联、相互制约的各个部分所组成的"。[2]系统思维的核心首先是强调整体和整体性，在一定程度上，系统就是整体，系统思维就是整体思维。

1）整体性的概念

地域性建筑系统具有整体性特征。整体是由相互协调、补充的要素与结构组成的，系统能适应外部环境的变化，保持良好的发展态势，其整体功能始终大于组成部分功能之和。要整体地认识地域性建筑系统各种因素在建筑设计过程中的作用，综合处理地域性建筑系统的各个组成要素，从而实现各个组成要素之间的平衡与统一。

当代地域性建筑系统的整体性是指地域客观要素、人的主观要素、二者的相互关系，以及总体结构等方面相互联系、相互作用，到达的一种和谐状

1　[美]贝塔朗菲. 一般系统论[M]. 秋同等译. 北京：社会科学文献出版社，1987.

2　钱学森. 论系统工程（修订版）[M]. 上海：上海交通大学出版社，2007.

态，形成各子系统之间的总体协调，是系统内部与外部自然、社会、文化、经济、技术等综合，并且系统形成了适应外部环境的能力和机制。

系统的整体与系统构成要素之间的关系可概括为两个方面：一是系统整体是由系统构成要素组成的，整体不能脱离系统构成要素而独立存在。二是由于处于系统整体中的各个构成要素之间存在相互作用，构成要素形成整体时有新质的突现，旧质的消失，这使得整体不等于部分之和。这种系统整体的突现性是系统构成要素之间相互作用、相互激发而产生的整体效应。

综上所述，当代地域性建筑系统和谐的整体性，是系统要素、结构关联性的表现。它是当代建筑地域性系统要素、结构关联所形成的整体形式，是建筑系统中要素之间、要素与结构之间、结构与结构之间产生合理关联方式的表现。

2）整体性的特征

（1）统一性：和谐整体强调的是系统的统一性，作为系统的元素，除要发挥其自身的作用和功能外，还要统一于系统的整体功能。

（2）关联性：包含层次性和结构性两层含义。层次性是指系统各组成要素之间具有一定的层次结构，结构性是指系统内部要素之间的某种相互作用、相互依赖的特定关系，这种关系形成一定的结构和秩序。

（3）服从性：系统在发展过程中，都有明确的目标和任务，而这些功能的实现，必须依赖系统组成元素各自作用的发挥，在强调元素发挥各自功能的同时，更要强调元素的服从性，追求系统整体利益的最大化。

（4）非线性：因为系统的总功能大于其子系统功能之和，说明在对外功能的迭合上非线性在其中起作用，这是系统内部层次间、元素间非线性相互作用的反映。内部层次与层次间，元素与层次间，元素与元素间除了直接作用，还有间接作用；既能相辅相成，又能相反相成。

4.3.2.2 延续性：地域性建筑系统生长性的表现

"一般来说，不能要求系统一经产生便很完善。首先要解决从无到有的问题，然后才能解决从差到好的问题，即自我发育、自我完善、自我成熟"。[1]
动态的观点是系统思维的又一个重要概念，它既区分和认识研究对象所处的
发展阶段，又能对它整体地加以认识，以把握研究对象未来的发展方向。

1）延续性的概念

地域性建筑系统具有延续性特征。延续性是指保持地域性建筑系统结构
的基本原形不变，通过不断的衍生，系统结构不断扩充，内部关联的复杂性
不断增加。它是以人的需求为潜在力量，以系统技术要素的发展为先导力
量，是地域性建筑系统客观条件与主观因素相统一的过程。动态地认识地域
性建筑系统各种因素在建筑设计过程中的作用，综合处理地域性建筑系统的
各个组成要素，才能把握地域建筑的发展方向。

地域性建筑系统存在于特定的时间和空间环境中，它必然与特定时空范
围的自然、社会、经济、文化、技术等环境产生交流和碰撞，这些宏观环境
的变化必然引起地域建筑微观要素关联的变化。而只有能够经常与外在条件
保持最优适应状态的系统，才是经常保持不断发展势态的系统。系统通过自
身内部的不断协调、整合，才能在适应外部变化的同时保持自己的特性。

2）延续性的特征

（1）开放性：即系统功能的实现有赖于与外界的物质、能量和信息的交
流。地域性建筑系统必是开放系统，不开放无以显示系统功能，不开放无以
交换物质、能量、信息，不开放没有发展进化的动力，最终会走向灭亡。

（2）进化性：系统和谐延续是自身不断发展、结构不断完善、和谐性不
断增强的系统。环境影响、内部要求是进化的动力；增强总功能、突现新性
质、适应新环境、融合新元素是进化的目的。系统的稳定是暂时的、相对
的，进化发展是永恒的、绝对的。

（3）动态性：系统作为由各种构成因素相互联系的整体，它总是处在相
互协调状态中而得以有序生存和发展的。其自身构成因素的相互协调性及其

1　苗东升. 系统科学精要（第2版）[M]. 北京：中国人民大学出版社，1998：143.

与外部环境的相互协调性是系统自身得以存在的基本条件，也是系统维持自身有序发展的生存机制。

（4）不确定性：由于系统非线性的存在，也使系统在延续上存在许多不确定性。非线性作用仍会导致一种内容随机性，在系统交变的关节点上，未来有多种选择，系统的历史、目的、涨落都会起作用。不确定性是促使系统不断进化的动因之一。不确定性使系统具有发展的机会。

4.3.2.3　主题性：地域性建筑系统核心性的表现

地域性建筑系统具有核心性特征，这正是区别这一系统和那一系统的标志。一方面系统核心性清晰了内部关系，强化系统结构的稳定性和整体性。另一方面系统的进化围绕这个核心，要素之间实现了协同平衡，明确了系统有序的发展方向。系统核心性，为我们认识系统规定了一个明确的方向。当代地域性建筑的主题性具有系统核心性的表现，它体现了当代地域性建筑的特色与个性。

1）主题性的概念

主题性表明了地域性建筑系统在一定时期内、特定情境下，要素、结构、环境总体协调的整体价值取向，是当代地域性建筑系统的核心性表现。它体现了当代地域性建筑的特色与独特性，为系统的活动提供了指导原则和标准，它对地域性建筑系统的发展具有全局性的影响，是系统构成要素之间形成的协同性的关联形式，是系统整体和谐的中心。主题性是在设计过程中，对所涉及的地域性建筑系统要素关系特质的提炼，是对建筑地域性本质的探讨。

主题性涉及的内容包含两个方面：一是技术价值。这是系统在要素上、组织上、结构上的总体协调。这种价值含义体现了效率的原则；二是精神价值。大量的社会学、心理学和管理学研究表明，人除了生理上的需求外，还存在许多社会需求，并且在物质需求得到满足后，精神需求的重要性就会越发突出。主题性即是这两个方面所涉及要素之间权衡的结果。

2）主题性的特征

（1）全局性：主题性表明建筑的整体设计意向，它对建筑设计成果具有全局性的影响，是设计过程中所参照的核心。设计过程中任何局部问题的解决都应围绕主题进行。

（2）相对稳定性：系统和谐的主题是建筑与环境或者人与物要素互动过程中产生的某种深层次的、本质的或核心的问题，所以它具备一定程度的稳定性。反过来，正是因为它具备相对稳定性，才能为建筑设计提供某种指导原则和标准。但是，系统和谐的主题不是一成不变的，在设计过程中的不同阶段，系统的内外部环境、环境要素的变化，会导致原有主题不再适应系统的发展，设计师要注意根据条件的变化做出适当调整。

（3）主观认知性：建筑设计问题纷繁复杂，要从中提炼、归纳、判断，设计核心问题的解决有赖于设计人的主观认知。

（4）多样性：不同的组织面临不同的外部环境和内部特征，具有各自发展的特色，因而主题呈现出多样性的特点。

整体性、延续性、主题性是当代地域性建筑和谐系统性的三个层面。整体性是当代地域性建筑系统要素关联性的表现，延续性是当代地域性建筑系统要素生长性的表现，主题性是当代地域性建筑系统核心性的表现。这三个层面相互联系，相互支撑，共同构成当代地域性建筑和谐系统性的表现特征。

4.4 本章小结

和谐系统性研究是对地域性建筑设计过程中地域性建筑系统要素关系特质的进一步探讨。当代地域性建筑系统和谐的整体性、延续性、主题性是当代建筑地域性表达的三个层面，这三个层面相互联系，相互支撑，共同构成当代地域性建筑系统和谐的表现特征，为当代建筑地域性设计表达提供了指导原则，有助于推进和细化当代地域性建筑理论与设计方法研究。

　　本章是本书概念和理论部分的扩展。阐述了地域性建筑系统要素及其结构，以及地域性建筑的和谐系统性，指出关联性、生长性、核心性是地域性建筑和谐系统性的主要特征；论述了地域性建筑和谐系统性的当代内涵，并推演出整体性、延续性、主题性作为地域性建筑和谐系统性的当代表现特征。整体性是当代地域性建筑系统要素关联性的表现，延续性是当代地域性建筑系统要素生长性的表现，主题性是当代地域性建筑系统核心性的表现。整体性、延续性、主题性是当代地域性建筑和谐系统性的三个层面，共同构成当代地域性建筑系统的表现特征。

第五章
———
基于和谐系统性的当代地域性建筑
设计理论建构

.

地域性建筑和谐系统性理念在于从研究实体转向研究关系，从研究局部转向研究整体。本章基于上述分析和研究，试图从地域性建筑的和谐系统性这一角度，探讨当代地域性建筑的设计方法与表达。

5.1　设计原则、目标和评价标准

本节基于上述概念和理论基础的研究，探讨当代地域性建筑设计的原则、目标和评价标准，为建构当代地域性建筑设计理论框架打基础。

5.1.1　设计原则

当代地域性建筑设计表达，应遵循一些基本的原则。系统科学为人们提供了一种以系统性、层次性、动态性和开放性的原则，来解决多因素、动态多变的有组织复杂系统的科学思维方式，这对于解决复杂的当代建筑地域性设计表达是极有帮助的。我们把和谐系统性理念下形成的当代地域性建筑设计的基本原则归纳为整体综合、动态生长和开放多元。

5.1.1.1　整体综合原则

整体综合性是系统最基本的特性，建筑设计作为复杂的系统性问题，必然应将整体综合原则作为最基本的原则，以把握这一复杂系统。系统和谐思维要求在处理各要素时应把它们放在整体中考虑，因此在进行建筑创作时，要整体地、关联地考虑自然与社会环境、功能与形式、能源与材料、设计与评估、建造与管理对建筑形态的影响，同时还要考虑实施后这些因素的反作用。

对整体综合性的认识又体现在整体与部分的关系上，对一个复杂的系统而言，对整体的认识与对部分的认识是密切关联的。按照系统论整体与部分的观点，一个范围内的整体进入到另一个范围就成为了部分。对于一个具体建筑或建筑群设计而言，它既是城市和整体环境的组成部分，同时又是其单体建筑组合而成的整体。因此，建筑设计要整体综合地考虑建筑群与各单体建筑的关系，以及单体建筑与各个局部、细节的关系。经过从整体到部分、再从部分到整体的多次往复循环，从中真正地把握设计过程中的总体关系。

5.1.1.2 动态生长原则

系统的状态随时间的持续而变化。一般地说，建筑在其发展过程中，与地域的自然和社会环境形成一种动态系统。我们知道在长期停滞以至封闭的环境中，地区的社会因素变化缓慢，在封闭系统中建筑的形态变化处于相对平衡之中，地域建筑的内容、形式和风格，在较长时间内保持稳定，人们在建造活动中自觉或不自觉地具有较强的自律性和延续性。

建筑的地域性随地域条件的变化而变化，其发展也是"动态"的过程。当代建筑的地域性不仅面对原有地域性的延续和发展，而且需要通过再阐释获得现时和未来意义的新地域性。建筑作为人类生活的载体，集中记载了历史发展过程中某一阶段的信息，建筑环境绝不是静止不变的，而应当是建筑自身和环境因素交互作用下不断积累和改良的过程，且是动态发展的过程。地域性还更加强调时代性与文化性，强调源于社会的时代精神和源于自然的创新精神，其形式是新时代的建筑技术和生活方式以及文化的综合反映。

在建筑创作中建立一种动态生长观念和运行机制是十分重要的。建筑系统与特定设计地段环境之间的相互作用是动态和变化的，它始终与周围环境相互作用。并且建筑对周围环境的影响具有层次性，涉及区域、城市、地段周边等范围，并不仅仅局限在特定设计地段内。应该认识到建筑不但与周边的系统环境相互作用，而且还有可能影响到区域、甚至地球环境中的更大的系统环境。因此，建筑设计整体的研究需要用动态生长的原则来把握。

5.1.1.3 开放多元原则

和谐不是抽象的无差别的绝对等同，而是多种不同因素、不同成分、不同方面相互关联构成事物的统一体。和谐是以外部世界的差异性和多样性为前提的，它内在地包含存在多样性和差异性的事物之间的平衡与统一。从这一理论视角出发，在当代地域性建筑创作实践中，就必须把握地域性内部、外部的各系统要素呈现出的多样化特点，要在具体分析各种问题的过程中，尊重差异、包容多样。当代建筑设计地域性表现应把握开放多元的原则。

由于社会生活方式的不断变化，信息交流的不断加强，审美意象的不断交融，其趋势总是不断从封闭走向开放，从静止状态走向动态交流，从一元走向多元共融。反映在建筑形式上则表现为多元共融的特点。无论是建筑内部机制还是外部条件，多元综合使建筑与外部环境产生积极的互动，由此带来"整体大于部分之和"的群聚效应。

以开放多元的原则把握当代建筑地域性设计表达为解决当代地域性建筑理论所面临的问题提供了一种富有活力的方法与思路:[1]一、观念的拓展。在保持原有地域气候环境共同性的基础上，打破封闭和单一的观念，向美学观念、生活模式、宗教信仰等文化地域共同性的方向扩展;从封闭自律的生存系统，向开放的他律性社会文化系统转化。二、对立的融合。通过矛盾因素的相互作用和相互制约，在互融共生中，使建筑文化系统始终保持动态平衡状态，从而充满旺盛的勃勃生机。三、多维的探索。对气候与环境、技术与人文、信息与能量、生态与社会等，进行从宏观到微观的多维探索;同时，语言学、类型学和符号学等方法的运用，极大地拓展了传统地域性建筑的艺术表达空间。

5.1.2 设计目标

建筑设计要综合环境和社会的整体利益和价值要求。在设计实践中，建筑师所关注的目标和价值取向与非专业人员，如委托人、投资者、行政领导、业主等的认识往往是不同的。他们当中更多的是从自身的知识结构和集

---

1 整理自:曾坚，杨崴. 多元拓展与互融共生——"广义地域性建筑"的创新手法 [J]. 建筑学报，2003，6:10.

团利益等来考虑设计中的各种问题。因此，设计目标要以环境和社会的整体利益和价值追求为基础，并建立在不同人群的主观价值取向与设计客观条件整合之间的"一致性"关系上。

　　我们探讨当代地域性建筑的设计目标，也需要从地域性建筑的本质出发。地域建筑与自然、人以及社会有着紧密的联系，其本身构成了一个复杂的开放系统，并具有层次性，人们对地域性建筑本质的认识也有不同的描述。如勃罗德彭特（G·Broadbent）将对建筑本质的认识归结为：人类活动的容器，环境的过滤器，环境的影响物，能改变材料与场地价值的资本投资，文化的符号。他说，"建筑设计需要大量工作，需要明确在房间内进行什么活动，明确活动所需要的空间标准及环境条件，明确场址所在的自然条件，明确建设所具备的资源，再以建筑物作为人与环境之间的'滤波器'来协调这四个方面"。[1] 张钦楠也从建筑设计解决的问题类型出发，将建筑分为掩蔽物、产品和文化三个层次，这三个层次建筑目标的价值取向不同决定了建筑设计的方向不同。[2]

　　在这里，我们将人地共生、人文延续、经济高效和整体发展四个方面作为当代地域性建筑的设计目标，并在这个基础上进行地域建筑设计活动。

5.1.2.1　人地共生

　　人文地理学的人地协调论，反映到地域性建筑创作上，就是人地共生的理念。自然地理环境不仅是人类建筑形态形成和发展的基础，也是传统建筑地域性特征形成和表现的主体，自然地理环境通过自身的自然属性，如气候、地形、材料等，制约着人类生产、生活和建造活动的内容和深度，建筑与自然环境和谐相处而长期形成的共构形态，就是建筑地域性特征的具体表现。

　　现代地理学的"共生"思想包括两个方面的含义：一是保护环境、维护

1　[英]勃罗德彭特，等. 符号·象征与建筑 [M]. 乐民成，等译. 北京：中国建筑工业出版社，1991.
2　张钦楠. 建筑设计方法学 [M]. 西安：陕西科学技术出版社，1995：15.

生态平衡的思想，即人对环境的干扰和影响不能超出环境容许的范围。二是建设环境的思想，即人与环境不仅要共生，而且要共荣，人与自然必须共同发展、建设。并非原始的自然是最合理、最理想的，人类应按照自然规律，发挥人的主观能动性，将环境建设得更利于人类生存发展，更有利于自然的发展和演化。[1]

当代地域性建筑"人地共生"理念的核心是资源优化。第二十次世界建筑师大会所通过的《北京宣言》指出，二十世纪既是"大发展"的时代，又是"大破坏"的时代。人类的生产建设活动，在取得了极大成就的同时，也对自然生态环境造成了巨大的"建设性破坏"。"在21世纪，建筑被看作是一种资源，而不是一种商品；城市的发展也将以最小的生态和资源为代价，在广泛的意义上获得最大的利益"。[2]资源优化在当代地域性建筑设计中主要体现在自然保护、资源利用、环境无害三个方面。

1）自然保护。人工建筑是对自然环境系统的侵害和干扰，建筑不可避免地要破坏原有地段的原生环境和生态系统的能量关系。为尽可能地保持生态系统的平衡，设计时应从对自然水系、植物、动物的影响出发，对基地的选择、对原有环境的尊重、对绿化的补偿等做出具体的要求，这样才能将对自然环境的破坏减少到最小程度。

2）能源利用。由于建筑本身所固有的能源消耗的性质，它对地球的资源占有和耗费是巨大的。对建筑能源消耗和资源占有的控制是人类获得可持续发展环境的重要一环，主要包括节水、节能、节地等具体措施。建筑行业作为高资源利用、高能源消耗的产业，必须从建筑生命周期的各个环节进行资源利用的有效控制。

3）环境无害。建筑在消耗大量的地球资源和能源的同时，排放出大量的有害气体，对地球环境恶化有重大影响，全球范围的资源环境保护对建筑提

1　白光润. 现代地理科学导论［M］. 上海:华东师范大学出版社，2003：238.
2　Brian Edwards. Sustainable Architecture：European Directives & Building Design. Second Edition. Architecture Press, 1999：265.

出了更高的要求，要求其对后代及后代的环境不造成危害。环境无害，在宏观层面上要求减少对人类生存环境的危害，如对水、空气、土壤的破坏；在微观层面上是对室内外的健康环境的要求。建筑对环境的污染和破坏主要来自建筑材料和施工过程，因而选择健康无害、可回收利用的建筑材料，控制和改善施工工艺是控制建筑对环境危害的主要手段。

5.1.2.2 人文延续

人文延续就是要以历史和动态的观点来描述和分析地域建筑文化的特征，找出隐藏在各种建筑风格表象背后的，支持地域性建筑成长和发展的稳定因素，并赋予其在当代背景下的新内容。

文化作为人与自然界这一有机整体的组成部分之一，与自然界的生物一样，具有发生、发展乃至衰亡的过程，而延续与创新作为保持文化生命力的主要手段，一直贯穿文化发展的全过程。为了充分表达地域文化的特征，人文地理学提出了文化景观的概念。认为"文化景观是人类文化长期发展演变的结果，各个历史时期都对文化景观有所贡献，每个时期的人都按各自的文化去感知、认识、评价景观并对景观施加影响，创造文化景观。同时，一个地域各个时期创造的文化景观具有强烈的继承性，各文化按照时间序列在特定地域上不断沉积并融合，形成多层文化叠置的具有多重文化属性和特征的文化景观，文化的这种历史过程又称为文化的'沉积过程'。"[1]聚落布局、土地利用格局和建筑风格作为一个地区文化景观的主体，一直是国内外人文地理学研究的重点。

当代地域性建筑的人文延续包括了对人的关注和对文化的关注，是一种建筑社会功能的集中体现。以和谐观念的视角，就是要遵循以人为本的原则，具体表现为[2]：满足人的生理需求和心理需求、满足现实需求与未来需求、满足人类自身进化的需求。

---

1 陈慧琳. 人文地理学［M］. 北京：科学出版社，2002：108.
2 王如松，欧阳志云. 天城合一：山水城市建设的人类生态学原理，城市学与山水城市［M］//鲍世行，顾孟潮. 北京：中国建筑工业出版社，1996：293.

　　建筑的人文功能包括健康功能、场所功能和文化功能。当代地域性建筑设计的目标随着社会的发展，特别是对环境认识的提高而发展，其人文功能的内涵也有相应的发展，具体如下：

　　1）健康功能。建筑的健康性原则是维特鲁威首先提出的，对于建筑环境的舒适性，维特鲁威在设计上有细致的考虑，"卧室和书房从东方采光，浴室和冬季用房从西方采光，画廊和需要一定光线的房间从北方采光，那么这也是属于自然的适合性，因为从北方采光，天空的方向由于太阳运行就不会忽明忽暗，在一日之中常是不变的"。[1]人一生中有70%的时间在室内度过，事实证明，当前存在的亚健康和许多疾病的产生都与不良建筑有直接的关系。粗糙的建筑设计、材料的不良选择共同构成了对健康有害的环境。

　　2）场所功能。场所的意义是多重的，克里斯蒂安·诺伯格-舒尔茨认为，每个场所都是一个具有特定文化背景并充满人类情感的地方，建筑场所只有和相应的文化背景整合，才能形成完整的概念。从历史上看，在中西方不同的自然观影响下的建筑场所表达出了不同的艺术特征和文化内涵。建筑创作离不开特定的自然环境和人文环境，贴切的场所精神本身就反映出适合人类社会的文化环境。建筑的空间环境是作为使用的场所提供给人们的，室内与室外的舒适宜人、充满活力是建筑设计自始至终的追求，柯布西耶的"阳光、空气、绿地"的理想正是这种观念的反映。

　　3）文化功能。文化是人类社会历史发展过程中所创造的物质财富和精神财富的总和，是一定社会政治和经济的反映。人类面临的文化危机，其根源在于人们的价值观、行为方式、社会政治和文化机制的不合理。人类只有建立与自然和谐的新的文化价值观念、消费模式、生活方式和社会机制才能使这种危机得到根本改观。和谐理念下的建筑设计正是这种文化价值取向的现实行动。

　　5.1.2.3　经济高效

　　人类经济活动的方式、内容、规模和价值取向与自然环境和资源的冲突

1　维特鲁威，建筑十书［M］. 高履泰译. 北京：知识产权出版社，2001：15.

造成了生态危机，这已经上升为全球性问题。降低环境负荷、提倡生态运动成为当代地域性建筑设计的主要目标之一，从改造人类的经济活动和价值观上看，建筑的生态化就是一种经济策略。真正的生态建筑必定是经济高效的。表现在以下三个方面：

1）低耗高效。低耗高效目标包括对水、阳光、风等自然因素的有效利用。仅仅通过将可以得到的能源加以优化利用，我们就可以将生产能力翻番。可以肯定地说，在不远的将来，最容易得到获得的方式就是节约与高效。

2）循环再生。对建筑资源的重复利用，促进各种物质形成循环系统，如建筑内外的水分循环系统、自然空气循环系统、物质循环系统、清洁能源合理利用系统等。例如传统建筑的给排水设计从没有考虑过水资源的循环利用问题，当今世界性的污染治理已经从"一排了之"的阶段，走向经治理后按一定国家标准排放的阶段，并向二次资源化的阶段迈进。当代地域性建筑设计中将大量物质再资源化理应成为一个着眼点。

3）灵活开放。建筑对空间灵活性与开放性的要求随着使用功能复杂与复合程度的增加、社会及生活模式发展的加速而越加强烈，以功能单一的建筑适应生活、工作、生产不断多样化的发展，必然要引起建筑种类的增多和细化，以及建筑总量的扩大。利用空间生态位的重叠作用，建筑的开放性又被赋予了新的内涵，从而使建筑以灵活的方式达到多重目标。

5.1.2.4　整体发展

人与自然成为一个不可分割的有机整体，两者之间是互为因果、作为一个整体发展演变的。"在一定的地域空间中，人、文化、环境共同构成了人类活动的地域文化系统。自然地理环境是文化系统形成发展的基底、社会文化环境是文化系统演进的动力，文化影响人们对环境的作用，使环境发生不同程度的变化，文化与环境的双向关系是地域文化系统中最基本的，也是最重要的关系"。[1]在地域性建筑系统中，相互联系的地域性建筑系统要素统于一

1　陈慧琳．人文地理学［M］．北京：科学出版社，2002：97.

个有机的整体。在一个地域内，各种具有地域特性的结构集合，构成了一个地域性建筑系统，具有地域整体性的特征。追求整体均衡发展是当代地域性建筑的最为基本的价值取向，具体体现在以下三个方面：

1）将建筑看作自然生态系统中的一个生命因子，强调建筑与地域自然生态机制的平衡，强调人与自然的和谐，从而将建筑的发展融入人类社会整体的生态发展中，实现在地域自然生态环境中的可持续发展。

2）认为地域的文化特色是形成建筑独特性的重要资源，要求当代建筑在全球性的整体进步中自觉寻求与地域文化根源的真实结合。注重研究文化传统的现实合理性与未来的发展方向，以前瞻性的姿态延续古老文化的内涵，强调由地域的文化特征赋予建筑的文化认同性和场所感。

3）重视技术对建筑的支持和推动作用，尤其重视技术的进步与建筑和其所在地域的自然、文化、经济因素的协调。强调以地域的实际需求和发展状况作为选择使用技术、进行效益评判的标准；强调"适宜技术"的应用。注重保护那些融入了地方情感、经验和独特智慧的传统，并在当代的发展中寻找和挖掘它们的潜质。

5.1.3 评价标准

当代建筑设计是一个复杂的系统问题，加之主体本身具有各种不同的价值观，使建筑设计的评价标准变得难以把握。一方面，建筑设计是具有自身规律的技术科学，受内部标准的限制；另一方面，建筑设计的目的是满足人的需要，不同角色的参与者决定了设计评价从始至终与人的价值密切相关，并广泛涉及社会、经济、文化、艺术等众多领域的价值取向问题。对地域建筑设计的评价要兼顾这两方面，使设计成果既符合建筑设计内在的规律，又能引导人们从不同的角度认识建筑。

王建国教授在城市设计的评价标准中，把设计的评价标准分为两大类，即可量度的标准和不可量度的标准。他论述到，在城市设计中，评价是指为特定的目的，在特定的时刻对设计成果做出优劣的判断。判断与人的价值取向有关，由于评价者常常人各有异，加之评价的时间因素，人们对城市设计的评价标准常争论不休。一般来说，技术取向的人趋向于把城市设计看作功率和效率，他们将可量度的设计标准作为评价基础；另有一些设计者是艺术家，在规划设计中，他们多强调不可量度的评价标准；还有一些人则强调社会公正、平等的设计标准，其性质也属于不可量度的标准。在实际应用中，可量度的评价标准和人的主观价值取向的不可量度的标准须一致。[1]

邹德侬教授在"优秀建筑论"中谈及建筑的基本评价标准问题，他认为建筑的评价标准来自建筑的基本理论，包括本体论和价值论。本体论是描述建筑的本质及其内在规律的理论。而不同的时代、集团甚至个人，对建筑本体论中诸要素的本质和要素之间的关系及其运行规律，具有不同的价值观和价值取向。建筑理论中的本体论和价值论，是建筑理论的基本理论，也是建筑的基本评价标准，它们的关系，可以用建筑理论框架来表示（表5-1）。

建筑理论框架[2] 　　　　　　　　　　　　　　　表5-1

建筑理论	基本理论	本位论、价值论……创作论
	应用理论	方法论、工具论……设计原理
	跨学科理论	建筑美学、建筑史学、建筑教育学、建筑心理学……哲学、艺术、技术
	建筑评论	

地域性建筑评价与一般意义的建筑评价或城市评价相比，在方法上具有共同性，在评价标准的划分上有其特殊性。当代地域性建筑的地域性在凸显过程中，是人的建造活动使地域各种客观要素协同从而实现系统整体特性的。因此，地域性建筑评价应表现在主观价值取向与地域客观要素平衡的一致性关系上。在指导思想上，客观评价的标准要和主观评价的不确定性相结合。

1　王建国. 现代城市设计理论和方法［M］. 南京：东南大学出版社，1991：62.
2　整理自：邹德侬，等. 优秀建筑论——淡化"风格""流派"，创作"优秀建筑"［J］. 建筑学报，1994，8：37.

评价指标体系的确定则应以当代地域性建筑系统要素构成为基础进行建构。

5.1.3.1 评价标准的原则

当代地域性建筑设计评价标准的建立应当考虑以下几个原则：

1）系统性原则

评价标准应涵盖与地域建筑有关的各种影响因素和过程，全面地反映地域建筑的各个要素和整体情况，从地域建筑相关的系统、要素、环境的相互关系中，把握地域性建筑系统的整体性。

地域性建筑是一个复杂的系统，可分为若干子系统，这些子系统相互联系和相互作用，构成了一个有机的整体，系统处于多级层次的复杂联系之中，各层级具有特定的结构，具有特定的功能。地域性建筑系统从宏观到微观，从抽象到具体，需要构建多层级指标，并在此基础上进行多层级指标分析，使评价体系结构清晰。

地域性建筑系统各部分之间的联系是不可分割的，所以地域性建筑系统发展不是机械的汇集，而是各部分之间的相互作用，使系统形成一定的结构，共同地规定地域性建筑系统整体的特性。因此，我们在考虑地域性建筑系统的整体性质时，应体现系统整体和部分之间的内在相关性。

2）科学性原则

科学性原则能客观地反映地域性建筑系统发展的内涵，能综合反映各子系统和各种因素之间的相互联系，较好地度量设计目标实现的程度。具体指标的选取要有科学依据，指标应目的明确、定义准确，不能模棱两可、含糊不清。系统指标的选择应充分考虑指标数据的真实可靠性，保证评价指标所揭示内容的真实性及可信度。

3）目的性原则

一切系统的进化，是从无序到有序，以达到平衡状态。这种有序性和方向性，说明系统具有目的性。地域性建筑的设计是有目的的行为，这种目的性规定了设计的一个准则，即设计应符合当代地域性建筑设计目标的要求。因此，评价标准应考虑设计成果在目的性方面的原则。

4）简明性原则

评价标准应简单明了，具有较强的可比性并容易获取。从理论上讲，设置的指标越多越细，越全面，反映客观现实也越准确。但是，随着指标量的增加，数据加工处理的工作量也会成倍增长，而且指标分得过细，难免发生指标的重叠，相关性严重，甚至出现相互对立的现象，这反而给综合评价带来不便。评价体系的设计应考虑到现实的可能性和较强的可操作性。

5）定性与定量相结合原则

建筑评价标准的指标体系涉及面非常广泛，有些指标可以量化，但有些指标目前还难以通过数量来反映，为了进行综合评价，需要设计一些定性指标。因此，评价标准的指标体系应包括定量和定性指标，这些指标的设计应综合反映当代地域性建筑的基本特征。

此外，当代地域性建筑评价标准的建立还应考虑评价体系的代表性、评价方法的合理性、地域环境的可比性，等等。

5.1.3.2　评价标准的体系构成

评价标准的体系包括客观的评价标准和主观的评价标准。在实际评价中，客观评价和主观评价应相结合。

1）客观评价的标准

地域性建筑设计具有自身的内在规律，其客观要素的关联可以构成建筑设计客观评价标准体系，如：

（1）自然评价体系：包括地域气候、地形地貌的应对，自然资源的保护和利用等。

（2）环境评价体系：包括基地自然环境的利用，与周边环境、城市环境的协调，人工环境的合理规划等。

（3）技术评价体系：包括材料选择、结构选型、构造做法、设备体系、工艺流程、各工种的合理性、施工上的要求等。

（4）经济评价体系：包括造价控制、建设周期、建造标准、土地利用要求等。

......

2）主观评价的不确定性

设计评价的标准是由设计主体与客体之间的需求和满足的关系所确定的。建筑的主观评价从广义的角度来看涉及建筑的实用价值、社会价值、历史价值、艺术价值和生态价值等各个方面，包含设计活动的一切目的。由于设计的价值评价是主体基于一种文化之上的关系判断，揭示的是设计主体与设计客体之间的一种价值关系，因此，这种价值关系随着不同的主体呈现出复杂性和矛盾性，有时无法得到一个确定和统一的评价。因此，主观评价具有不确定性。如：

（1）社会评价体系：包括国家相关的方针、政策、各项设计法规等方面的要求，以及社会制度及其组织形式、生产生活方式、社会伦理道德上的要求等。

（2）文化价值评价体系：文化价值主要体现在建筑设计成果所具有的深层意义上。这种意义不能离开建筑所处的文脉环境，即建筑的文化背景。因而形成了建立在时代特征、历史文化、民族传统、地域文化以及多元化交融基础之上的评价等。

……

主观评价虽然没有绝对的十分明确的标准，但是依然可以借助于参照体系来将评价具体化。主要有以下几种类型：[1]

（1）借助于评价对象的等价物、可以比较的价值对象进行评价。历史上的经典建筑、近现代优秀建筑、同等条件下的其他优秀设计成果等可以作为比较评价的标准，从而提供一种具体的价值等价物。

（2）借助于已经表现和成为价值等价物的价值规范和范式进行评价。依据社会形成的价值取向确定的标准、准则和历史上形成的惯例、范式，其中包括社会行为规范、建筑伦理标准、知识理论体系、工艺技术准则、形式构图原理、艺术价值规律等极为广泛的内容。在评价中，相对于动态变化的现实状况，价值规律和范式具有相对稳定性，因此有时需要对其做出适当的修正和调整。

1　郑时龄. 建筑批评学［M］. 北京：中国建筑工业出版社，2001：185-186.

（3）借助于评价的象征物进行评价。象征物的价值是对某种价值普遍性的客观认识。这种评价是建立在形象化或抽象化的设计意象基础之上的，如具象和抽象、哲学内涵、宗教信仰、政治抱负、理想意境的隐喻等。运用隐含的价值象征物对设计意象形成直觉上的和理性上的评价，获得对设计成果价值评价更深层次的认识。

此外，评价标准的体系建构应注意具体项目的特殊性、评价的准确性和客观性、评价体系的开放性和动态性、涉及内容的综合性、评价结果的社会性、主客观标准的一致性，以及设计过程的符合度，等等。

5.2　设计理念建构

系统科学的思维方式为我们提供了一种有效的研究方法，即实体到关系、从单向到多向、从静态到动态、从客体到主客体相结合的思维模式。基于系统和谐的当代地域性建筑设计理念，是建立在系统和谐的思维方式上的，是解决建筑创作中的现代与传统、全球化与地域性之间关联，建筑和环境之间关联，主观与客观之间的关联等问题的一种方法（图5-1）。

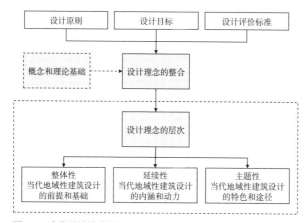

图5-1　当代地域性建筑设计理念建构的思路

5.2.1 设计理念的整合

和谐理论遵循"问题导向"的客观现实原则，是一种对设计问题的解决方法，并要考虑具体实现"主观与客观要素"的互动关系。建筑系统中的"主观要素"，是指设计者、业主、使用者、行政管理人员、施工人员等观念的一致和行为上的协同，通过对人思想的"协调"来把握人的主观价值取向；建筑系统中的"客观要素"，指一切客观要素在建筑系统中得到最大可能的优化，在给定的设计条件和目标下追求客观要素的整体平衡和优化。和谐关系指人的主观价值取向与客观要素整体优化的一致性。

当代建筑的地域性设计表达有其自身的特征。首先，地域建筑是人居环境的重要组成部分，它体现了建筑在设计过程中与特定的时间和地点，以及参与设计的人之间的逻辑承接关系。这一关系反映着各部分之间相互作用的和谐系统性。它不仅考虑地域性建筑系统的构成关系，而且反映出系统内在的逻辑。这一内在的逻辑体现了人的主观价值取向与客观要素整体优化的一致性。其次，地域性建筑系统在演进过程中，其内在关系并不会主动保持和谐一致。这需要在建筑设计过程中，正确理解和处理主观行为和客观条件之间的内在一致性，才会为系统和谐提供基础条件。当代建筑地域性设计理念整合的目的，就是使设计意图、设计过程、设计判断之间保持内在的和谐一致。

基于和谐理念，对当代建筑地域性的多层次内容及其关系进行整合，从而反映设计活动中主客观要素的具体情况。从系统科学思维的角度讨论和谐理念为我们提供了一种的具体的、可操作的方法。将地域建筑看成是一个系统，探讨地域性建筑系统构成及其和谐性，对当代建筑地域性的表达具有积极的作用，并有助于揭示地域性建筑的规律和特征。我们只有了解当代地域性建筑系统其自身内在的相互作用关系，结合设计的主体对设计意图进行把握，并通过分析研究发现其中的一致关系，才能实现当代地域性建筑的系统和谐。

5.2.2 设计理念的层次

基于系统和谐的当代建筑地域性表达的层次主要表现为整体性、延续性和主题性。

5.2.2.1 整体性: 当代地域性建筑和谐系统性的前提和基础

整体性是地域性建筑系统的基本属性。和谐系统性的整体性观念, 其基本思想就在于把握和描述地域性建筑系统中要素与要素、要素与结构的相互作用以及表现出来的内在关系, 它是研究当代地域性建筑和谐系统性的前提和基础。

整体性的研究, 首先, 要重视地区的气候条件、地形特征和地方资源的特性并加以合理的、有节制的利用。强调建筑与地区自然生态机制的平衡, 强调人与自然的和谐, 从而使地域性建筑实现在地区自然生态环境中的科学发展。其次, 要求当代地域性建筑系统在全球性的整体进步中自觉寻求与地域文化根源的相结合。注重研究文化传统的现实合理性与未来的发展方向, 以前瞻性的姿态延续古老文化的内在生命。强调由地区的文化特征赋予建筑文化认同性和场所感。再次, 重视技术对于地域建筑的支持和推动作用, 尤其重视技术的进步与建筑和其所在地区的自然、文化、经济因素的协调。强调以地区的实际需求和发展状况作为选择技术、进行效益评判的标准, 强调 "适宜技术" 的应用。注重保护那些融入了地方情感、经验和独特智慧的传统技术, 并在当代的发展中寻找和挖掘它们的潜质, 实现人与技术的平衡发展。

整体性层面研究的内容涉及要素、结构及其相互关联。系统要素的关联包括系统要素各个部分, 如自然地理要素、社会文化要素、经济技术要素以及建筑师的主观因素等。系统结构的关联包括内部与外部、整体与部分、主观与客观要素和地域环境与基地环境的关联。整体性是一个相互关联的立方体, 表现为一种时空的完整性, 一方面表现为地域性建筑系统要素的共存性, 另一方面表现为系统结构的关联性 (图5-2)。

当代地域建筑和谐理念与设计表达

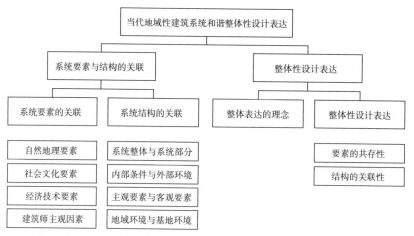

图5-2 当代地域性建筑系统和谐整体性设计研究框架

5.2.2.2 延续性: 当代地域性建筑和谐系统性的内涵和动力

当代建筑地域性表达的延续性, 就是要以动态的观点来描述和分析地域建筑文化的特征, 找出隐藏在建筑风格表象背后的, 支持地域建筑成长和发展的稳定因素, 并赋予其当代背景下的新内容。吴良镛教授论述到: 系统所处宏观环境的稳定性、微观要素关联的稳定性, 是系统生长的前提。地域性建筑系统能通过自身内部的不断协调、整合, 在适应外部变化的同时保持自己的特性, 新功能不断出现, 新元素不断被吸纳, 有序性不断增加, 系统结构不断扩充, 内部关联的复杂性不断增加。随着政治、经济、社会、科技文化等相关因素动态变化, 地域建筑在风格上表现出游移、综合、多元、模糊的特性。一种新的风格逐渐形成, 这是一种新的碰撞、新的渗透。新的风格又产生新的相对稳定状态, 这是一种混沌、一种螺旋上升过程, 是新的建筑创作素质观、新地方性的方法论。[1]因此, 地域性建筑系统是一个开放的、

1 吴良镛等. 发达地区城市化进程中建筑环境的保护与发展 [M]. 北京: 中国建筑工业出版社, 1999.

动态的体系，其理论思想和研究方法应随时代的进步、地域概念的变化而不断更新，其内涵和深层结构则常常体现出连续性和一致性。

当代地域性建筑系统构成的实质是由一个有机的内在和外在的生长体系构成的。外在生长体系是客观要素和主观要素显性关联方式的扩展，内在生长体系是客观要素和主观要素隐性关联方式的拓展，它们是系统结构生长的具体方式，使地域性建筑系统发展、延续，这两种生长体系以客观要素和主观要素相协调，构成系统延续的内涵和动力。

系统延续性研究的内容涉及系统的生长机制、系统延续的方式。系统生长机制研究的内容包括直接动力和间接动力，以及这两种"动力"相结合，形成系统生长的实现手段。系统延续方式主要包括地域建筑风格的延续、地域环境内涵的延续、地域建筑空间的延续，以及地域建筑技术手段的延续。系统和谐延续的设计表达包括延续表达的连续性和延续性设计表达。系统和谐的延续性的设计表达概括为外在的连续性和内在的连续性（图5-3）。

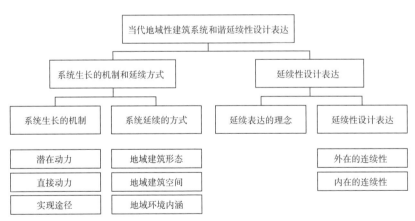

图5-3　当代地域性建筑系统和谐延续性设计研究框架

5.2.2.3　主题性：当代地域性建筑和谐系统性的特色和途径

主题性表明在特定的时空环境下，在系统、要素、环境的总体协调基础上的整体特性和价值取向。主题性是当代建筑地域性设计表达的核心。主题性的表达，即是在设计过程中，对所涉及的地域性建筑系统独特性的提炼，体现了地域性建筑的本质。地域性建筑系统主题性源于不同地域性建筑系统的差异，是由地域客观环境和主观因素相互联系、相互作用而演化出来的。

地域性建筑系统各组成部分构成一个整体时，其构成反映出整体倾向，即地域性建筑系统的特性。辨识和发掘地域性建筑系统主题性，不是根据设计者的个人偏好而人为地主观确定的，而是在于把握地域性建筑系统所表现出来的内在关系，也就是主观价值取向和客观条件优化的一致性关系。

和谐系统主题性表达指设计过程中强调围绕主题的设计思路，即一种目标导向的设计模式。"和谐主题"的提出使和谐理论的视角从仅考虑系统整体性意义上的"泛和谐"当中解放出来，更加关注和谐所应具有的"方向性"和"切入点"。[1]

当代地域性建筑系统主题性设计表达，其研究内容涉及系统要素的协同和主题的辨识。系统要素协同，其研究内容包括设计主体价值取向的协同和设计主体与环境要素的协同。主题辨识的过程包括主题的把握、主题的确认、主题的强化和主题的转化。只有认清了系统要素协同的内容，看清主题产生的过程，才能更好地指导我们解决复杂的当代地域性建筑设计问题。

主题性设计表达具有多样性，主要反映在整体的意义层面、整体的结构层面和整体的形式层面，其设计表达具有层次性。系统整体意义层面涉及地域特色的内在追求、地域内涵的深层挖掘、传统精神的时代演绎等方面；系统整体结构层面涉及生态思想的实践探索、多元文化的核心营造、适宜技术的理性应用等方面；系统整体的形式层面表达主要包括地域自然地理特征的表达、社会文化特征的表达和地域技术特点的表达等方面（图5-4）。

整体性是当代地域性建筑设计表达的前提与基础，延续性是设计表达的内涵与动力，主题性是当代地域性建筑设计表达的特色与实现途径。这三个层面作为一个整体，相辅相成，共同构成了当代地域性建筑设计的理论框架。

1　王琦，席酉民，尚玉钒. 和谐管理理论核心：和谐主题的诠释［J］. 管理评论，2009，9.

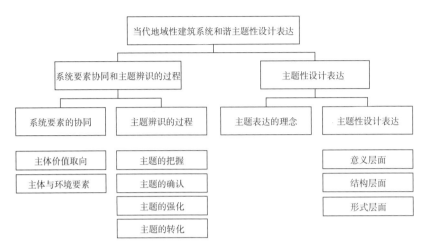

图5-4 当代地域性建筑系统和谐主题性设计研究框架

5.3 本章小结

本章我们建构了基于和谐系统性的当代地域性建筑设计的理论框架。

第一节介绍和谐理念下当代建筑地域性表达的设计原则。主要有三个原则：整体综合原则、动态开放原则和多元秩序原则。以此为基础，探讨了当代地域性建筑设计的目标：人地共生、人文和谐、经济高效和整体发展。并对当代地域性建筑系统的评价标准的原则和评价体系的构成进行了讨论。

第二节我们基于和谐系统性理念对当代地域性建筑设计理论框架进行建构，主要从三个层面着手。整体性层面，主要辨析当代地域性建筑系统要素和结构的构成关系；延续性层面，主要辨析当代地域性建筑系统的生长方式；主题性层面，主要辨析当代地域性建筑系统构成核心特征，它是当代地域性建筑特征表现的途径。整体性的设计表达是当代地域性建筑系统和谐的前提与基础；延续性的设计表达是地域性建筑系统和谐的内涵与动力；主题性的设计表达是当代地域性建筑系统和谐的特色与实现途径。这三个层面作为一个整体，相辅相成，共同构成了当代地域性建筑设计的理论框架。

第六章
当代地域性建筑整体性设计表达

整体性是一种关系，反映部分和部分、部分和整体之间的相互联系，这些联系是整体的，是当代地域性建筑设计表达的基础和前提。本章将对当代地域性建筑系统要素和结构的关联，以及系统整体性设计表达进行分析和研究。

6.1 系统要素与结构的关联

系统总体功能和属性来源于系统和环境、系统和要素、要素和要素的相互联系和相互作用，而这种联系和作用具有整体性的特征。地域性建筑设计与表达中的各种因素都不是孤立存在的，也不是偶然聚集在一起的，也不是静止不动的，这些因素相互影响、相互制约、相互关联，构成错综复杂的整体。

6.1.1 系统要素的关联

地域性建筑建造过程涉及客观要素和主观要素两类。其中客观要素包括地域宏观环境要素和具体环境要素；主观要素包括人对地域环境的认知，以及建筑建造过程中人的主观作用因素等，这些要素相互关联构成系统的整体性。

6.1.1.1 地域宏观环境因素

影响和决定地域建筑产生发展的地域宏观环境因素包括地域气候、生态环境、自然环境、地形地貌特征、社会文化、生活方式、经济形态等。

1）地域气候的回应

气候条件是各地区人们的建筑活动所必须首先面对的一种自然因素，它关系着人们最原本的生理需求，因而也影响和决定着地域建筑中最基本、最稳定的部分，在极端的气候环境中，它决定着人们对建筑形式的选择。研究地域的气候，首先要了解气候的类型、特征，如温度、太阳辐射、风、降水等气象因素的形成和变化规律，分析地域性建筑如何适应、利用气候的有利因素，防止和改造其不利因素，为建筑设计提供依据。

地域性建筑为了适应当地的气候条件，采取特定的布局形态，呈现出非常明确的地域特征，例如开敞的或封闭的布局。气候炎热的要求遮阳、通风，因而建筑布局相对分散；寒冷地区出于防寒保暖、争取日照的需要，类似组群式的建筑往往内部形成紧凑的布局，表现出较为独立的建筑形态。

特殊的气候，在单个建筑的形态特征上也有很明显的区别。在各地的民居上表现尤为明显，在温暖潮湿、植物繁茂的我国南方，房屋下部采用架空的干栏式构造，以流通空气、减少潮湿，建筑材料除了砖、石外，常利用木、竹与芦苇，墙壁薄，窗户多，建筑风格轻盈通透。我国华北、西北的房屋，为抵御严寒，使用较厚的外墙和屋顶，高度较矮，建筑外观厚重而庄严，与南方建筑形成鲜明的对比。

查尔斯·柯里亚设计的马哈拉施特拉邦住宅开发委员会住宅开发项目（Mhada，1999），因为只是临时项目，所以每一户的面积都非常小，仅为20.9m^2，包括一个房间、一个厨房和一个浴室。在孟买湿热的气候下，穿堂风是必需的。因此，柯里亚将4个户型成一组布置，这样每户就能占据一个角，能获得穿堂风。并且楼梯布置在前后两排之间，保证了空气的流通（图6-1）。

印度建筑师多西设计的桑珈事务所（Sangath，1981）充分体现了适应地域气候的建筑思想。结合基地条件，多西采用了长向的具有洞穴意象的筒拱作为建筑构图的主体。整组建筑以理性的但富有变化的形体围绕庭院中一个类似露天剧场的台地布置。工作室部分被挖入地下半层，以取得较好的隔热效果。发光的碎瓷片组成的屋面用于反射阳光，减少热能的吸收。双层外墙面不仅形成良好的通风，还提供适当的储存空间。拱顶雨水的收集和排散通过滴水和排水渠引入庭院中的水池，同时也起到为建筑降温的作用。宁静而

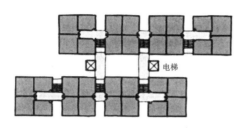 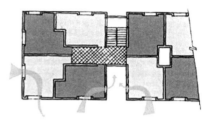

图6-1　组合平面图、单元户平面

图6-2　桑珈事务所外景

富有诗意的桑珈，俨然是"天国花园"的写照。正如多西自己所说，在他每一个建筑项目中都有被他重新定义的印度传统某一方面的特征。在桑珈，其拱形屋顶的比例、结构以及基座都与印度神庙相似（图6-2）。

2）地形地貌特征关联

地域性特征的表达与特定的地形地貌相关联，使形式能够融合于环境中，并凸显环境的特质，加强其地域特征。

安藤忠雄（Tadao Ando）设计的府立飞鸟博物馆（Chikatsu-Asuka Historical Museum，1990—1994）位于大阪南部，其所在的山林中有为数众多从5世纪到6世纪间相当重要的日本古坟。安藤受委托设计一个兼具古坟文化展示与研究的中心，它不仅要超越传统所涵盖的功能，并且要以本馆所展示的已挖掘出的物体，以及那些大部分仍然未更动且成群散落在外围的墓冢为主要对象。就像玛雅神庙从丛林深处浮现出来一样，这栋建筑以一个巨大实体的形式，神秘地展现了出来，庞大的混凝土屋顶斜坡，以当地粗糙的白色花岗岩卵石为铺面，可兼作各式各样活动的使用空间——如戏剧表演与音乐演奏，演讲与庆典。

这个复合建筑有一条隐匿在斜坡屋顶下方的通道，以非直角的角度通往楼梯间。两侧以平滑的混凝土墙面包围起来，压迫感很强的狭窄通道，伸向有采光天井的入口旁，从光线充足明亮的入口大厅开始，衔接了一个缓慢且具象征意义的下降。由弧形的坡道伸向既有表象上幽暗，亦有暗示上深邃的黑暗空间——最下层展示空间中，最显眼的项目是个巨大的古坟模型。空间序列与展示安排所融合出的空间特色，造就出超越一般博物馆的参观经验：一个关于人类与他所处世界之间的神秘旅程（图6-3）。建筑的处理与项目所

图6-3　大阪府立飞鸟博物馆
a. 外观
b. 鸟瞰

涉及的人文环境、地形地貌相联系，其形式凸现了环境特有的特征。

3）传统文脉的连续

传统文脉多指社会组织结构、经济形态、宗教信仰和传统习俗以及在此基础上形成的人们的意识观念、价值取向和行为模式等。地域性建筑与传统文脉之间相互作用、相互影响，将地域文脉的特性融入建筑中，形成富有地域文脉特质的建筑形态。这些具有地域特质的建筑，让人们能够追忆一种对历史的认同感。

地域性建筑设计对传统地域文脉的探寻，应注重其深层结构的把握，同时重视与时代建筑文化的对话，以现代手法重塑地域精神。在当代地域性建筑系统中，建筑与传统文脉的关系不是简单线性的，往往是复杂的、多向的联系和作用。

里卡多·利哥雷塔在马那瓜的大都会教堂（Metropolitan Cathedral, Managua, Nicaragua 1990—1993），朴素的清水混凝土表面，经过凿击的表面处理以及色彩的涂饰，软化了它粗糙严肃的特性。

这个教堂是马那瓜十年内最大的建筑物，该教堂被认为具有精神和社会的双重意义。1972年马那瓜的城市教堂因为受强震袭击而倒塌，由于这个国家接连地经历了自然灾害以及政治动乱的严重打击，利哥雷塔意识到人们对仪式空间的认识，已经从一个具有敬畏感的"礼拜堂"转变成"社群的庇护所"，他的设计利用色彩的选择与对比充分响应了这种转变。

在高塔侧面的走廊上，排了一列门轴式的橡木门，橡木门上方是被漆成粉红色的凿磨出小筛孔的木质窗扇，还有被特别挑选作为室内屋顶构架的鲜黄色，以及作为外墙涂上防水的洋红色。这些鲜艳颜色的使用，与粗糙、灰色的混凝土本色形成生硬的强烈对比，都象征着人们对自然与命运的抗争，教堂对尺度与光线的掌握，都创造出适合每日举行向圣体膜拜仪式所具有的亲切与安宁，使人们感到朴素、庄严、亲切和熟悉。大都会教堂的设计充分体现了人文主义精神，它给尼加拉瓜人民提供了一个祈祷爱、和平和希望的地方（图6-4）。

中国美术学院象山校园山南二期工程的设计（2007），体现出设计者对

图6-4 马那瓜大都会教堂
a.外观
b.室内

传统文脉的思考。项目由学校的建筑艺术学院、设计艺术学院、实验加工中心、美术馆、体育馆、学生宿舍与食堂组成。用地环境为环绕一座名叫"象"的小山地段，山高约50m，两条从西侧大山流下来的小河从山的南北两侧绕过，在小山的东端合并流入钱塘江。

　　建筑师结合特定的基地环境对传统的"自然"和"城市"进行了解读思考。这一地区的传统中，建筑不仅要在空间上和自然融合，而且要在时间上产生一种超越地理范围的遥远感觉。传统建筑尺度与现代建筑相比要小得多，建筑师在考虑建筑的布局时，让建筑处在基地的外边界，与山体的延伸方向相同，因而尽可能与这一地区的传统城市建筑布局相似。建筑与山体之间留出大片空地，并保留了原有的农地、河流与鱼塘，体现出建筑对像山形态的敏感反应。在"城市"应对方面，建筑以法规所允许的最高密度布置，在空间大和小、开与合组织上灵活有致，形成放松的教与学的空间环境。整个建筑群组是对特定地区的传统"自然"与"城市"之间的思考中生成的，在这里，半建筑半自然的形态体现了对传统文脉的延伸与拓展（图6-5）。

　　4）技术手段的表现

　　发挥当代技术的巨大优势，以高技术抽象地提取地方文化，营造能够充分表现地域人文特点的、给人以文化认同感与归属感的场所空间。用高技术

图6-5　中国美术学院象山校园山南二期
a.外观
b.总平面

图6-6　弗雷尤斯地方中等专业学校
a.外观
b.细部

回应自然环境并非简单地利用现代技术和新材料，去模仿地域性建筑的外形，而是运用生态学的原理及信息技术，创造适应地理气候环境、具有节能特点的当代地域性建筑。

诺曼·福斯特设计的弗雷尤斯地方中等专业学校（Deuxieme Lycee Polyvalent Regional Frejus，France 1991—1993，图6-6），根据当地的技术条件对传统材料和建筑技术进行了充分的利用和创新。考虑到当地夏季炎热，他吸取了阿拉伯传统建筑中的通风技术做法，建筑采用蓄热能力强、热稳定性好的混凝土结构，在混凝土屋面的结构层和防水层之间设有通透的空腔，这样既降低了屋面的传热系数，又有利于加速自然通风。屋面所用的混凝土也采用当地出产的一种高热容材料，来进一步增加屋面的热惰性。同时在建筑布局结构上，形成一个拔风通道，以加强通风效果，而不必采用机械通风。高耸的"街"顶有一太阳能拔风烟道，由此产生气流。此外，当地的传统方法，诸如"挑帘"也被用来作为南边的遮阳装置。

通过发现和挖掘传统的建筑技术，结合本国的经济技术水平，并且广泛采纳现在的使用者意见，从而实现了对传统技术的扬弃。同时，也表明传统建筑技术在当代也能满足地域建筑的要求。

2000年汉诺威的世界博览会日本馆（Japanese Pavilion Expo 2000, Hanover）延续了坂茂一贯的设计风格。基于日本传统对纸、木及其他自然材料的偏爱，坂茂设计的展览馆不像有些建筑偏重空间和形式上的表演，而是对材料和结构的特性加以挖掘，来切合此次世界博览会主题——"人·自然·技术"。

这是一座名副其实的"纸"建筑。建筑采用经回收加工的纸料建成，拱筒形的结构由12.5cm粗的纸筒网状交叉构成，弧曲屋面和墙身材料也是织物和纸膜，被认为是至今为止世界上最轻的建筑。整个展馆长72m，宽35m，最高处达15.5m，面积3600m²。

在体现世博会主题"人·自然·技术"的同时，日本馆也再现了日本的文化传统和创新精神，赋予了建筑明显的日本地域特色。从日本传统的美学观念和对纸、木及其他自然材料的偏爱出发，展览馆吸取了日本传统住屋中的障子（shoji）即木格纸门窗的意境。在白天，自然光经过半透明纸窗的过滤，构成柔和宜人的室内光环境。在夜晚，纸窗又是呈现神奇光影的屏幕。在这里，自然光透过防水的织物和纸膜构成的屋顶照射到室内，造成一片富有日本风情的空间环境（图6-7）。

图6-7　汉诺威世界博览会日本馆
a. 外观
b. 细部

5）能源的合理利用

节约能源与地方自然资源及气候条件是分不开的，这也正是地域性建筑一直关注的问题。传统地域建筑在利用太阳能、风能、水能等方法上，均有许多成功的经验。将现代科技成果与这些经验相结合，就会得出创造性的解决方式。

柏林的戴姆勒——奔驰公司办公楼及住宅楼的设计（1993—1999），其主要目的之一就是创造一种新颖的、低能耗且高质量的建筑（图6-8）。设计中的每幢建筑都力图最大限度地利用太阳能、自然通风和自然采光，以建造一种舒适的、低能耗的生态型建筑环境。东南方向的巨大开口成为这些建筑的重要特征，为了争取最大的采光量，开口宽度由下至上逐渐增加。转角的圆厅尽量通透，以保证阳光可以直达中庭的深处。南向的坡地式绿色小环境提供了自然的开敞式气氛，并激励社会交往行为的开展。在底层商业铺面与其上的办公部分之间有一个空气夹层，它调节了空气流动的规律，加上办公部分可灵活开启的窗户和部分开敞的屋顶，使中庭形成了有效的"风管效应式"的自然通风系统，从而改变了中庭的小气候。办公室投入运营后，检测数据表明，这些办公楼比处在同样气候环境下的其他建筑的人工照明减少了35%，热能消耗减少了30%，二氧化碳的排放量减少了35%。

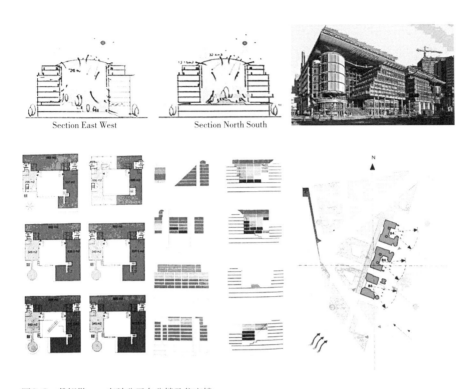

图6-8　戴姆勒——奔驰公司办公楼及住宅楼

6.1.1.2　地域具体环境条件

地域具体的环境要素包括城市地段、场地尺度的自然环境、地形地貌、场地环境、人文痕迹、人工环境,以及地方材料技术、政策法规,等等。

1)场地环境的契合

注重建筑与周围环境的融合,是地域性创作的一个最基本特征。诺伯格·舒尔茨在其《存在·空间·建筑》中指出,"任何环境结构,一般都是以景观空间的连续性为前提"[1]。提出采用"分散的集中化原理",不是把自然看作是孤立的,而是把自然作为整体来思考。

1　[挪威]诺伯格·舒尔茨. 存在·空间·建筑. 尹培桐译[M]. 北京: 中国建筑工业出版社,1990: 101.

不同的地形地貌，有着不同的形态特征。建筑采取不同的应对手段，与大地形态相融合，甚至创造性地重构了地景形态，将建筑自身的完备性整合和统一于景观系统之中。由于自然地形具有随机性，建筑因而也要采取不同方法。当代地域性建筑创作与场地环境的关联，主要从回应地形地貌、整合基地环境等进行设计表达。

（1）回应地形地貌

这是一种积极的态度，建筑以一种适宜的姿态融入自然环境里，并尽量减少对自然环境的不利影响，尊重地域生态和地形地貌，最终达到建筑与自然环境和谐共生。

雅鲁藏布江小码头位于西藏雅鲁藏布大峡谷南迦巴瓦雪山脚下的派镇附近，派镇是林芝地区米林县的一个村级小镇，不仅是雅鲁藏布大峡谷的入口，还因为是通往全国唯一不通公路的墨脱县的陆路转运站而早就成为终极徒步旅行者的胜地。

基地位置选择在派镇沿岸下游方向、水流不太急并有一定水深的河岸。这里有形态特别的4棵胸径都超过1m的大杨树，旁边还有几块巨大的岩石，站在岩石上顺着江流的方向看过去，随时可以看到峡谷背后高耸的加拉白垒和南迦巴瓦雪山。

码头的规模很小，只有430m²，功能也很朴素，主要为水路往返的旅行者提供基本的休息、候船、卫生间，和恶劣天气情况下临时过夜等功能。建筑是江边复杂地形的一部分，一条连续曲折的坡道，从江面开始沿岸向上，在几棵树之间曲折缠绕，坡道与两棵大树一起，围合成面向江面的小庭院，庭院由碎石铺成，可以供乘客休息观景。由庭院再向上，坡道先穿过上层坡道形成的一个挑空过道，经两次左转悬空越过自己，然后再次右转，并在高处从两棵大树之间穿出悬挑到江面上，成为一个飘在江面上的观景台（图6-9）。

（2）整合基地环境

弗兰普顿认为："一个形式不是孤立的，而是更多程度地将自身作为周

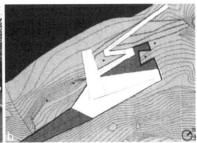

图6-9　雅鲁藏布江小码头
a. 平台屋檐
b. 总平面

图6-10　南京工业大学江浦校区图书馆
a. 总平面
b. 外观

围的环境的延续、融入环境之中。"[1]自然景观构成了建筑的地域文脉背景，建筑不可避免地要与它的文脉进行交流，给予原有的景观环境一种新的解读方式。整合基地环境可归纳为两种方式：一是可以采取呼应地形的方法回应地形；二是采用对比的办法，达到更高层次的回应。

　　南京工业大学江浦校区图书馆（2006）由何镜堂先生主持设计。该项目作为南京工业大学江浦校区的核心和标志性建筑，在校区的建设过程中受到十分重视（图6-10）。

1　（美）肯尼斯·弗兰姆普顿. 现代建筑：一部批判的历史［M］. 张钦楠等译. 北京：中国建筑工业出版社，2004.

　　在设计中为了突出建筑在学校里的重要地位，采用了整合的处理手法，把相对独立的功能和行政管理单位结合成一个统一的整体。通过形体的高低错落，平面扭转，体型呼应，体型对比，空间围合，形成了具有强烈整体感的建筑特征，很好地解决了建筑功能要求的两个单一体量结合的问题。基地所处的山地环境有一条由南向北的山脊，两个建筑的功能单元分别列在山脊的南边和北边，图文信息中心位于南边的部分，临近校园的中心景观湖面。两个建筑的功能单元都采用了"U"字形的半围合平面，合院的开口分别朝向东面和西面。图文信息中心的南侧根据地形的变化处理成依山而上的台阶体型，减少了对视线的遮挡；台阶体型采用了出挑错落的造型手法，使建筑的形象丰富有趣，同时也符合校园中心方向空间营造的趋势。图文信息中心的北翼采用空间扭转的手法偏转了20°，使建筑的体型变化更为丰富。与其相邻的外语计算机中心南边的部分也同时偏转20°，相邻部位的平行斜线，使两栋建筑的体型相呼应，总平面的关系得到了有效的整合。建筑的体型设计也突出了与地形的关系，建筑底部的造型与环境结合在一起，上部采用了水平的体型，与底部的体型进行了有效的划分，两个功能单元的造型手法相似，突出了水平方向空间的流动感，造型具有时代特点。

　　为了让建筑更好地融入山与林的自然环境当中，达到人工环境与自然环境的和谐共处，采用了许多处理手法。建筑的体型都是根据山的形状和走势进行设计，采用了层叠的处理手法；平面的走向顺应了等高线，减少了对土地的破坏；局部采用了推台的处理手法，并结合了屋顶的绿化，使建筑的外形更接近自然；同时建筑的空间处理还结合不同的标高处理内部的使用空间，达到比较理想的效果。图书馆层叠错落、棱角分明的造型使人联想起片状岩石的特征，建筑采用了灰白的色调，十分高雅。何镜堂教授认为："我们从两方面确定的构思策略以及在其指导之下的具体塑造手法，归根到底都是源于项目的山林地形，在某种意义上，正是特殊的地形造就了这栋特殊的建筑。"[1]

1　何镜堂，涂劲鹏等. 南京工业大学江浦校区图书馆［J］. 建筑学报，2007，6：50-53.

图6-11 现代艺术中心
a. 鸟瞰
b. 外观
c. 总平面

　　阿尔瓦罗·西扎（Alvaro Siza）设计的加里西亚当代艺术中心（Galician Center of Contemporary Art，Spain 1988—1994，图6-11）位于西班牙加利西亚自治区中世纪城镇圣地亚哥—德孔波斯特拉旧城区的一个复杂的历史性地段，教堂、钟塔、花岗石墙是这座中世纪城镇给人留下的基本印象，基地东面紧邻建于17世纪的圣东·多明戈·德·波拿瓦修道院，北面是修道院的台地花园，西侧为维里·英克林街所限定，该中心是地区文化中心的重要组成部分。西扎的设计始于对场地的深刻体验，他处理建筑与城市的策略不仅要建立起与修道院的密切关系，而且应当通过建筑的精确介入将这个环境恶化的宗教区统合起来，重新恢复其秩序性。

　　在建筑和场地环境的关系方面，综合运用主从、对比、尺度等协调手法，从而使建筑和场地及周围环境协调，建筑的外表具有强烈的雕塑感，其外表覆以当地的花岗石，增添了厚重的体量感，有利于使建筑融入具有纪念性和教会特征的城市尺度之中。美术中心的外形基本上是由两个L形体块组合而成，它们在端部适度叉开，以便与场地相契合。主入口放在基地的南面，与修道院的阴角入口正好相对。同时，西扎将修道院入口的阴角关系进行转换，变成两个相交错的L形体块沿南北纵深方向布置，以此来控制整体布局的结构关系。以这种方式，建筑整合了进入修道院的入口空间以及周边零乱的花园，从而也确立了自己的空间定位。

2）城市肌理的融入

城市肌理是人们对城市的形象认识，是长期形成的城市特质，是城市的空间形态，具体反映在城市的框架、绿地、水系、交通、建筑物等各要素中。从城市肌理的角度而言，建筑应该遵循场所原则，协调周边环境，给整个城市或街区注入新的活力。以现代的方式来诠释建筑昔日的功能和精神，是对建筑归属感深层次的回归。在特殊地域环境条件下，融入了城市肌理的建筑空间，能否成功地表达出城市肌理的场所延续性，关键要看能否抓住现存建筑的形式特征，并利用其空间潜力塑造融入城市肌理的场所。

阿尔瓦罗·西扎总是倾向于将城市和景观看作一个建筑插入的环境，并且将插入的建筑看作是组成一个复杂的艺术统一体的相互关联的片断，谦逊地融入城市、自然地弥散于城市之中的同时，以简洁而朴素的形态真实而冷静地讲述着场所环境的特定氛围和气质，达到建筑与城市之间真切的平衡。西扎设计的福尔诺斯教区中心（Church in Marco de Canavezes，1990—1997）是新教区中心的一项内容，位于城市主干道上，周围的城市肌理没有得到很好的控制，有一些多层的住宅、商业用房和一个加油站。西扎通过将教堂置于一个花岗岩墙面底座上，清楚地将其同周围的环境区分开来。该教堂的底座以及它有力的体量并没有与街道平行，而是扭转了30°，使其侧面和背面朝向街道，这一系列处理进一步强化了植入感。教堂的主入口位于广场西南侧，其主要会场构成了一个长方形的中殿。西扎并没有运用传统的象征手法，而是设计了一种立刻就能被认出是教堂的建筑形式。他采用了传统教堂的形式、元素和比例，通过将其抽象化甚至颠倒其形象而达到重新诠释的目的。

福尔诺斯教区中心反映了西扎追求的个性和共性的平衡，在连绵起伏的坡地上有世俗化的建筑。教堂矗立于城市中随处可见的与坡地紧密结合的室外平台之上，似乎是白色粉刷饰面的体量和严谨的矩形开启的视野。在这里

图6-12　福尔诺斯教区中心
a.室内
b.外观

西扎再次发挥了比例和光的魔力，使教区中心的个性得以体现。在阳光照耀下，纯粹的体面交界如刀砍斧劈般挺拔犀利，高大而平整的白色墙面涌动着轻纱般的光雾，非人性化的尺度暗示着非凡的气魄，彰显着教堂应有的纯净无瑕、宁静致远的宗教性特质。西扎所追求的个性与共性的平衡得到集中凸显——城市中的教区中心，教区中心从属于城市。（图6-12）

诺曼·福斯特设计的法国卡里艺术中心（Carred'Art Nimes Farance 1984—1993，图6-13）就是运用高技术塑造地域精神的建筑范例。轻质的铝合金百叶天篷遮挡住夏季的直射阳光，而将柔和的漫反射光线引向室内庭院。最为特别的是，为了使地下部分也能获得天然光，室内庭院的地板和楼梯踏步均使用透明强化玻璃材料，因此光线能够一直向下延伸。在材料选择和细部处理上，福斯特一如既往地执着，大胆地选用最先进的高技术材料，采取极为简洁的设计手法，将一个非常现代的建筑作品融入老环境。在设计当中，福斯特充分尊重了神庙及其周围的场所特征，但他并没有采用复古的形式，而是在尊重历史的同时，通过机器美学的理念折射出时代变迁带来的生机与变化。卡里神庙和艺术中心之间本是一个杂乱的停车场，为了使新旧建筑取得心灵上的进一步沟通，福斯特重新为整个地段做了环境设计，他将局部城

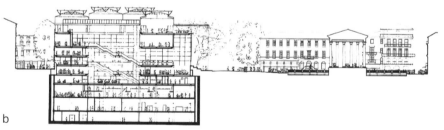

图6-13 卡里艺术中心
a.鸟瞰
b.剖面

市道路重新优化，迁走停车场，取而代之的是一个地面铺装精美的下沉式广
场，用作露天茶座等公共交往场所。神庙、广场和艺术中心形成了一个统一
的有机体，严谨的建筑造型、外立面纤细而精致的钢柱支撑、平整的墙面，
大面积的玻璃，与古老神庙的柱廊形成呼应。

3）地方材料的采用

运用天然材料，就地取材，这是不同地域性建筑的最初选择。因而建筑形态在材料的表现上也呈现出强烈的地方特色。芬兰建筑师尤哈尼·帕拉斯马（Juhani Pallasma）认为，石、砖、木等自然材料得以使视觉穿透其表面，使人体会到真实的世界、经验到具体的生活，使人感受到事物的真实性，自然材料还表现了年月、历史、经历和人们使用它们的故事[1]。随着时代的发展，地域性建筑形态的材料表现，也因时因地呈现出多样化的特点。

（1）地方材料的现代表现

地方建筑材料如石块、木材、黏土砖等在当代亦可演绎"时髦"的地域建筑形态。对于传统的建筑材料，其加工方式和使用方式随时代变化而有所不同。相对来说，随着时间的变化，今天的现代材料也会变成明天的传统材料。

道密纽斯葡萄酒厂（Dominus Winery，1995—1998）位于加利福尼亚纳帕山谷，是赫佐格与德穆隆在美国的第一件作品，同时也是他们创造性使用石材的经典之作。像大多数赫佐格和德穆隆的作品一样，这座酿酒厂也是一个简单的两层矩形简单盒体，造型简洁，横跨于葡萄园中的主要通道上。建筑长100m、宽25m、高9m，分三个功能区域，即酒窖、存放两年以上的大桶间和成品库房。

纳帕山谷的气候日夜温差较大，适合酿酒用葡萄的生长，但对酒的储存和酿造不利。为了利用当地白天高温、夜晚寒冷的气候条件，赫佐格和德穆隆把注意力转向了表层材料，提出了一个利用这些气候因素的独特方案，即使用当地特有的玄武岩作蓄热材料——白天吸收太阳热量，晚上将其释放出来，使昼夜温差得以平衡。然而，当地可以采集到的天然石块却较小，无法直接使用。因此，他们设计了一种特殊的墙体——用一种金属丝编织的"笼子"，把形状不规则的小块石材装填起来，形成尺寸较大的、形状规则的"砌块"，再把它们挂到混凝土外墙和钢构架上。

---

1 沈克宁. 建筑现象学初议——从胡塞尔和梅罗·庞蒂谈起［J］. 建筑学报，1998，12：46.

赫佐格和德穆隆挑选了三种尺寸的当地玄武石，颜色从绿色到黑色，并将其装满铁笼。玄武石取自当地的火山岩，这使该建筑和周围的景色融为一体。墙体的密度可通过控制铁笼里石块的尺度和数量来调节，以此来形成一个"调节器"，使房间免受昼夜温差的影响。铁笼在现场被支架成型并浇入混凝土梁板中，是建筑外墙真正的支撑构件，根据墙体围合空间的需要，金属铁笼的网眼有大中小三种规格，大尺度的能让光线和风进入室内，中等尺度的用在外墙底部，以防响尾蛇从填充的石缝中爬入。小尺度的用在酒窖和库房周围，形成密实的蔽体。

这种对石材的全新组织方式摆脱了砌筑石材的惯性思维，以新的构筑方式创造性地满足了隔热需要；同时，由于石块的大小和密度不同，石墙一部分密实一部分通透，消除了石材的厚重感，使石墙表现出某种程度的透明性。石块保存了经开采后的自然形态，纹理和质感也得到更加立体的展现，另外由于不规则光线的穿透，厚重的石墙产生了虚幻的视觉效果，更为精彩的是由此构筑起来的填充皮层透过石材缝隙的斑驳光影使静态的空间变得复杂和不纯粹起来。这种被赫佐格和德默隆称为"石笼"的装置，好像给建筑罩了一层外套，使建筑明显区别于传统建筑形式。赫佐格和德默隆以独特的手法运用当地材料，准确地注解了当地的自然气候条件（图6-14）。

图6-14　道密纽斯葡萄酒厂
a. 外观
b. 室内

图6-15　庞卡哈朱国家森林博物馆
a.外观
b.细部

　　广阔无垠的森林使得北欧人对木头有一种天然的亲近感。木材是一个永恒的主题。凯卢·拉德玛·马拉玛基设计的庞卡哈朱国家森林博物馆（National Forest Museum Punkaharju, Finland 1991—1995，图6-15），注重与自然环境有机协调，建筑本身不追求任何风格化的表现，而试图通过大胆的形式组合、合适的材料与光的运用，以及细部刻画，将建筑深深地融入自然环境之中，为人们展现一种寓意深刻的形象。建筑内一圆柱体与一矩形体系咬接在一起，形成强烈的形体对比，在建筑周围，一些较小的规则形体像是随意地排列或是漫不经心地穿插于建筑中，借助于场地的高差变化，布置了不同层面的室外展览空间。几何形体之间的精心安排与自然无规划的自然环境相映成趣，使建筑成为景观的自然延伸。木材典型地刻画了建筑细腻、自然、柔和的品性——对自然的敏感、丰富的直觉和人性化。

　　（2）现代材料诠释地域建筑

　　使用现代的建筑材料来诠释地域建筑，是追求建筑的本体意义。安藤忠雄就是通过对地域人文精神的深入挖掘，找出该地域建筑的本质特点，通过对这个本质的传承来架设现代与历史对话的桥梁。对于材料的选择，基本上都采用了现代材料。安藤认为，混凝土是代表时代的材料，其建筑作品的灵

图6-16 住吉长屋
a.外观
b.内庭

魂在于诠释"建筑是一个地方的记忆"。

　　1975年，安藤忠雄以"住吉的长屋"（图6-16）一举成名。为了在大阪旧区拥挤杂乱的环境中创造出既保证私密又能够接触大自然的居住空间，他采用了完全封闭的混凝土"盒子"，盒子内安装了一个占地1/3的被安藤称为"光庭"的采光天井。在住吉的长屋中，安藤在日本传统町家中找出原型，继承了庭院式建筑空间形式，然而却用现代的建筑材料混凝土墙强调了建筑的封闭性，取代了木梁柱，不但用西方现代建筑广泛使用的混凝土创造出与日本传统建筑数寄屋相类的空间，而且还赋予混凝土以素雅、洗练、质朴的东方禅意美感。安藤使建筑虽然没有华贵的材料和精巧的装饰仍然显得那么耐人寻味。

　　安藤忠雄没有直接借用传统的建筑符号，也没有使用传统的建筑材料，对于传统的建筑技术、构造方法等也很少借鉴，更多的是出于对传统地域建筑空间、形态的引喻和对场所的把握，是一种基于时代发展和地域精神的有机结合，并注重建筑与环境的融合。

4）建筑及材料技术的结合

传统技术主要包括地域的材料技术、构造技术、装饰工艺等，其中蕴含着一些符合地域自然条件的经验。对传统建筑技术进行改进，并适当结合现代技术，来创造新的传统技术，把传统技术中至今仍然适用的因素，融入当代建筑的设计方法，以创造新的地域技术和适宜技术。由于采用低技术可以显著降低建筑造价，又可以赋予建筑以强烈的地方特色，这种设计方法在经济欠发达地区运用尤其广泛。

湖南省耒阳市毛坪浙商希望小学（2007）设计，基于当地材料、构筑工艺、观念，保证了在有限的条件下有效地建造。设计者对当地的气候条件、建筑形式、地域习俗、经济条件、材料搭配应用等因素进行了充分的研究，找出了切合当地施工条件的建造技术，如屋架、屋檐、木板构造等技术的解决措施。建筑由当地村民建造，但技术本身并不是问题，施工设备简陋的问题也可以通过一些替代的办法解决。建造过程中，问题主要集中在材料的交接处和形体的转折处。设计者对地区的传统技术进行了合理的改进，采用了更加合理的工艺和构造措施，以完善建筑施工整体控制（图6-17）。

甘肃省东部地区的毛寺生态实验小学由当地政府邀请香港中文大学捐助并设计，其建造充分利用当地的自然生土材料，挖掘当地的建造技术，其目标不仅仅是为当地的孩子们创造一个舒适愉悦的学习环境，更关键的是要以此为契机，努力诠释一个适合于当地发展现状的生态建筑模式。

当地冬季寒冷、夏季温和，现有建筑多是生土建筑。通过研究，发现这里冬季的热工设计是最为有效的生态设计手段。顺应地形，学校所需的10间教室被分为5个单元，布置于两个不同标高的台地之上，使得每间教室均能获得尽可能多的日照和夏季自然通风。教室的造型源于当地传统木结构坡屋顶民居，不仅继承了传统木框架建筑优良的抗震性能，而且对于村民而言更容

图6-17　湖南耒阳市毛坪浙商希望小学
a.外观
b.细部

易建造施工。教室北侧嵌入台地，可以在保证南向日照的同时，有效地减少冬季教室内的热损失。宽厚的土坯墙、加入绝热层的传统屋面、双层玻璃等蓄热体或绝热体的处理方法可以极大地提升建筑抵御室外恶劣气候的能力，维护室内环境的舒适稳定。与此同时，根据位置的不同，部分窗洞采用切角处理，以最大限度地提升室内的自然采光效果。

　　小学的建设施工继承了当地传统的建造组织模式，施工人员全部由本村的村民组成。除平整土方所必需的挖掘机以外，所有施工工具均为当地农村常用的手工工具。同时，绝大部分建筑材料都是"就地取材"的自然元素，如土坯、茅草、芦苇等。由于这些材料具有"可再生性"，所有的边角废料均可通过简易处理，立即投入再利用。

　　新教室的直接造价（包括材料、人工与设备）只有422港币/m²。新建教室的室内气温始终保持着相对稳定的状态。即便在今年初罕有的严冬，无须任何燃料采暖，教室仍可达到舒适且空气清新的室内环境。

　　这个项目设计和建造，使得村民们重新认识他们自己的传统。当地传统的生土窑洞建筑中蕴含着大量基于自然资源并值得生态建筑设计借鉴的生态元素，诠释了一条适合黄土高原地区发展现状的生态建筑之路（图6-18）。

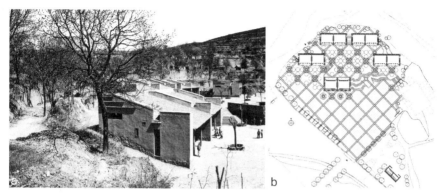

图6-18 毛寺生态实验小学
a.校园全景
b.总平面图

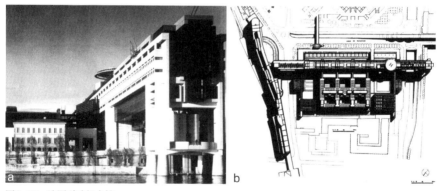

图6-19 法国财政部大楼
a.外观
b.总平面

5）政策法规的制约

政策法规是影响空间形式形成的最直接因素，它们直接关系到空间的发展态势。

法国财政部大楼（Ministry of Finances，1989，图6-19）位于巴黎东部地区一块临塞纳河的地段。无论从陆路还是从水路来看，新财政部大楼都处于环境中极为显赫的地位，具有强烈的标志性。为保护古老的城市天际轮廓线，该建筑在高度上受到严格限制。新财政部大楼的建造也是美化塞纳河两岸景观计划的一部分。该计划包括对沿岸著名历史建筑的修整。这些建筑文物无论留有花园广场或是紧邻河岸都有一个共同特点——都以纵向正立面临河，而财政部大楼用地的问题是它只有一小段面向塞纳河打开。耸立的埃菲尔铁塔以绝对高度支配着巴黎的西部入口，横卧的新财政部大楼则以绝对长度在巴黎的东部入口处创造出一个强有力的"地标"。

6.1.1.3 建筑师的主观因素

建筑师的主观因素包括，建筑师对地域环境的认知要素，如设计教育、施工技术研究、相关法规规范、环境舒适度、人的尺度等；以及建筑建造过程中人的主观作用因素，如建筑设计人员、建筑承包商、建筑材料供应商、业主、使用者、经济工作者、心理学工作者等。

建筑师的主观意识活动，如建筑师个人的素质、能力，审美等，在建筑创作中起着至关重要的作用。一个成功的建筑作品，在于建筑师对自然和社会生活深入的体验和观察，并通过建筑师的主观意识，将各种相关的设计因素重组与综合，升华为独创性的设计策略和设计实践。建筑师在进行创作时，往往从最为熟悉的文化中汲取素材与灵感，使自己的作品不自觉地带有地域倾向。在整体的地域特征的前提要求下，建筑师的人格个性也会给建筑作品带来个性。

瑞士建筑师马里奥·博塔（Mario Botta），迄今为止他最为成熟的一系列设计作品均出于瑞士提契诺地区及其邻近地区，这一地区正是博塔出生和成长的地方。提契诺地区特殊的环境气质与博塔自己独特的建筑语言与风格有着千丝万缕的关系。如圣·乔瓦尼·巴蒂斯塔教堂（Church of Giovanni Bateista，Mogno，Ticino，Switzerland，1986—1992），这座小教堂位于玛吉亚山谷中地势较高的位置上，与环境和谐地融为一体。厚重的石墙与轻盈的天窗之间的对话是建筑对自身存在的声明，仿佛象征着要面对群山为整个村庄提供呵护，表现了提契诺地区特殊的环境特质（图6-20）。

现代主义建筑大师阿尔瓦·阿尔托是芬兰人，遍及疆土的北国森林成为

图6-20　圣·乔瓦尼·巴蒂斯塔教堂
a.外观
b.室内

芬兰的自然特征，也成为他设计审美气质上的天然因素。北国森林所提供的材料与肌理的丰富感与微妙感、戏剧性的光影变化、短促的春夏季节，组成了一种独特的美和诗意，阿尔托的建筑正是与这样一种诗意的自然所做的对话。长期立足于芬兰本土，注定了他对欧洲激进的国际现代主义者柯布西耶、密斯的超越与偏离，造就了另一种长久不衰的辉煌。

　　我国建筑师莫伯治、佘畯南、何镜堂等，几十年来，一贯致力于中国岭南地区建筑文化特色的探索，形成了贯穿于其作品中的高品质的岭南文化气质。他们长期扎根一个地区，坚持不懈地进行实践探索并取得了斐然成绩，这是岭南地域的文化品质与建筑师的文化人格契合的智慧，如广州白天鹅宾馆、广州岭南画派纪念馆、广州西汉南越王墓博物馆、华南理工大学逸夫人文馆等。

　　因此，地域性建筑创作是创作者的主观因素与客观环境相统一的结果。将地域的隐性因素最终体现为建筑语言和形式，要求创作者本人具有相应的地域文化背景，而且最好有长期一贯性。当然，并不是说建筑师的创作仅局限于某一地域，而是在不同的地域进行创作，这要求建筑师不仅要跨越地域环境因素，还要跨越创作者本人的地域文化品格，以更成熟的建筑思想和方法为指导来进行设计实践活动。何镜堂教授带领他的创作团队在我国其他地区创作了大量的设计作品，这意味着其对新的地域环境背景的挑战，以及对岭南建筑思想的超越。

从先前形成的地域环境观来看，因为所处的建筑环境是一个整体，就必然要求从整体的角度来进行建筑设计。在实际设计任务中，不能仅仅依靠经济指标、建造方法和任务书来确定建筑，还要努力发掘那些隐藏在表象背后地域特质，并充分发建筑师的主观作用，创造出整体的地域环境。建筑设计是一个诸多因素制约下的综合行为，上述系统要素的关联是分别讨论的，实际设计当中，必须注重系统的整体性，从整体上把握地域建筑的总体特征。

6.1.2 系统结构的关联

整体系统性表现为一个立体的关联框架，它包含了系统内部与外部的关联、时间与空间的关联、整体与部分的关联、主观与客观的关联、地域环境与基地环境的关联，等等。

6.1.2.1 系统整体与系统部分的关联

系统整体与部分是辩证关系。亚里士多德提出"整体大于它的各个部分之和"，该规律只在一定条件下才成立。系统整体能否大于它的各个部分之和，取决于要素是否参与系统整体性的联系。系统整体与部分的关联结构模式的研究，就是使系统在运动和发展过程中，自始至终达到整体大于各个部分之和的目的。对于任何一个系统问题的解决，必须坚持整体和部分的辩证统一性，既保持系统的有序性，又使系统充满活力。

6.1.2.2 内部环境与外部条件的关联

系统的外部条件是系统外部对该系统有影响、有作用的诸要素的集合。在一个大系统中，对于某一特定的子系统而言，其他子系统就是它的外部环境。对地域性建筑系统而言，自然地理环境、社会文化环境、技术环境等都可以看作是其存在的外部环境。研究系统内部与外部环境之间的关联机制，对具体问题加以分析，针对不同层次应用不同的设计策略，可以使系统更具活力与适应性。

6.1.2.3　主观要素与客观要素的关联

影响地域性建筑系统发展的因素有客观因素和人的主观因素。客观因素相对静止，人的主观因素是相对运动的。

人的需求是建筑营造活动发生、发展的源泉。人的需求在生产力的推动下，不断进行从提出需求到满足需求的动态演进。主观与客观的关联是一种提出需求与满足需求的关系。人的需求提出了某一阶段的发展目的，进而对要素的发展方向、关联方式起整体的制约作用，这种制约作用表现为主观与客观的关联。

6.1.2.4　地域环境与基地环境的关联

地域环境是指在多层次的空间范畴中一定的地理或文化意义的地域空间范围内，由自然地理环境、社会文化环境和经济技术环境共同构成的整体环境。基地环境分为三个层面——基地与区域的关系的区域层面、基地与周围环境的地段层面，以及基地内部建设及现状的场地层面。基地环境对建筑设计的影响是这三个环境层面综合作用的结果，基地环境对于建筑的产生具有强烈的约束力，建筑的形成又与基地环境构成新的有机整体。

地域环境与基地环境之间是互蕴关系。建筑是与特定地域环境和基地环境相联系的。"因建造的场所而为漂浮在空中的空间和形式找到了落地的依据，建筑在它的场址上形成了自身"[1]。"漂浮在空中的空间和形式"和"建造的场所"，便是地域环境和基地环境的作用。

布鲁斯·威尔逊（Bolles Wilson）设计的明斯特市图书馆（Münster City Library，Münster，Germany，1993）积极地融入基地环境中，强化了地域环境的特征。明斯特市是一个受法律保护的古城，许多建筑都具有18世纪和19世纪哥特式及巴洛克式的风格。城市图底关系清晰，具有传统的城市风貌。从1956年开始，一些现代主义的建筑十分敏感地渗入这座城市。

1　张伶伶，孟浩，李存东. 发现基地中隐含的秩序［J］. 建筑学报，1996，9：36.

图6-21　明斯特市图书馆
a. 鸟瞰
b. 外观
c. 总平面

　　基地西面的教堂对图书馆的整体布局起到了关键的作用。在图书馆的空间组织上，内部的人行空间系统把建筑一分为二，使建筑中人行空间的特征格外突出。同时图书馆构成的城市空间与教堂相联系，从而把教堂的巴洛克风格纳入建筑的整体环境中，使现代化的图书馆融入了原有的城市环境。明斯特图书馆在外墙处理上注重和城市的历史文化相一致，采用厚重的形体，从而和城市古朴的风格相一致，并利用色彩和周围环境的对比，使图书馆具有时代气息，加强了环境整体感（图6-21）。

　　约瑟·拉斐尔·莫内欧（Jose Rafael Moneo）设计的戴维斯美术馆（Davis Museum & Cultural Center, Wellesley, USA, 1993）位于绿树成荫的威里斯利大学校园内，在其东侧是犹特美术中心，两者处于同一地块中。犹特美术中心建于1958年，是美国著名建筑师保罗·鲁道夫早期的重要作品之一。戴维

图6-22　戴维斯美术馆
a. 外观
b. 室内

斯美术馆相当于是犹特美术中心的扩建，新馆面积总计为5667m²。

　　戴维斯美术馆的设计者莫尼奥善于简单而谦虚地解决好建筑与所处环境的关系问题，莫尼奥对新的美术馆的定位便是要增强犹特美术中心所形成的场地结构。他对从学术区经美术中心的意大利式的大台阶到场地西面停车场的整个路径及其相关环境加以明确的限定，建立起完整的空间结构。

　　新的美术馆整个布局组成"L"形，与犹特艺术中心围合出一个积极的广场空间，广场既成为戴维斯的入口空间，也与犹特艺术中心的扇形大台阶相对应，从而使戴维斯与犹特中心在空间上连为一体，建筑间有天桥相连。

　　美术馆的展览空间不是一些封闭房间的累积，而是一种开放的结构。莫尼奥将美术馆的电影院与博物馆部分分开布置，既解决了入口广场与西侧道路的空间联系，又解决了不同的人流的组织问题。建筑物的主要形象仍然由博物馆的展览体量表现出来，建筑的外形相当简单，但比例经过了仔细的推敲，精致的节点和红色的砖墙使新建筑和原有环境之间保持着很好的关系（图6-22）。

　　这两个建筑实例反映了系统内在整体性的系统构成及其相互作用关系。明斯特图书馆在分析建筑所涉及的系统整体要素的基础上，建筑的处理更加强调建筑与所处地域城市环境、建筑周边环境这一特定环境的关联，使图书馆融入整体环境系统之中，增强了犹特美术中心所内与外的结构关系，建立了完整的空间环境结构。

　　总之，系统整体性在考虑要素分析的同时，更加关注对系统要素间内在关系的挖掘和分析，这种内在的关系表现出一种立体的关联框架，包含了系统整体与部分的关联、内部与外部的关联、主观与客观的关联、地域环境与基地环境的关联，综合地表现出系统的整体关系。

6.2　整体性设计表达

　　系统要素和系统结构相互关联为整体。当代地域性建筑整体性设计表达是研究系统要素的关联、系统结构的关联，并统筹系统要素与结构关系的一种设计原则和方法。在设计表达上，在考虑系统要素和结构这两个层面的整体关系时，其整体性的特征主要表现在两个方面：一是地域性建筑系统要素的共存性，二是系统结构的关联性。

6.2.1　要素的共存性

　　地域性建筑系统的整体性表现在要素的共存性上。系统是由要素按一定关系构成的，这些要素相互联系、相互制约。系统的整体性以要素的共存为前提，在设计表达的时空模型中，这些要素表现为要素共构和要素间的相互制约与平衡（图6-23）。

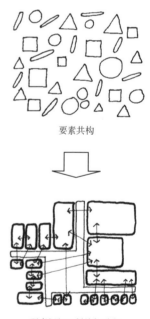

要素共构

要素间相互制约与平衡

图6-23　要素的共存性

6.2.1.1　要素共构

要素的共构是地域性建筑系统存在的一种形式，建筑的产生是系统要素共同作用的结果。当代地域性建筑系统要素的共存性表现为客观环境因素和主观人的因素总和。地域客观要素包括地域宏观要素和具体微观要素，人的主观要素包括人对地域客观环境的认知和人的主体意识要素。这些影响因素在当代建筑地域性设计表达的过程中都是共同起作用的，这也是形成建筑地域性本身的具有整体性和多样性的原因。在设计过程中，要素的共存性概念的提出，对系统要素的认识和梳理达成整体的、全面的思考具有指导作用。

6.2.1.2　要素的相互制约与平衡

系统要素之间表现为相互制约与平衡。系统要素经过竞争，必然有一种要素成为先导性力量，改变自身时空位置，从而引起关联的失稳，但它却总能在人的协调下，达到关联的重构，使系统要素关联相对稳定。同时，系统要素之间的竞争与协同作用，促进了系统结构整体优化。新的系统要素稳定的关联形式是新的需求产生的基础，要素之间的循环作用，是平衡性制约的表现。

舟山市沈家门小学（2000—2002）的方案构思综合了复杂的设计因素，解决了小学的使用功能、原有建筑的改造和利用、新旧建筑的协调，以及地域性的体现等问题，体现了建筑设计过程中设计要素的共存性和联系性，表达了设计条件在建筑设计方案形成过程中的整体作用。

基于舟山当地夏季异常潮湿闷热的气候条件，在方案构思时首先考虑的便是建筑物的通风和朝向、建筑和场地环境布局，以及景观组织，方案以三合院式的格局，平衡了各种设计因素，丰富了空间的层次变化。

钟塔的设计被赋予了传统学校的象征意义和学校这一特定空间场所的含义，钟塔正面设计了一个鱼尾形的图案，表达了建筑使用者的特点。建筑山墙处理形式与原来保留的老建筑相协调，并在形式处理上表现地域性文化特色，设计中吸取了浙江民居建筑所特有的某些做法，如马头墙等，但却绝非简单地模仿，而是予以简化、变形，保证了整体的统一和谐。

图6-24　舟山市沈家门小学

　　沈家门小学的设计，体现了设计人对历史积淀的传统建筑文化、特定的地理气候和风土习俗等诸多因素制约与平衡，并结合现代经济条件和技术手段以及当代人们的审美情趣，体现了现代建筑地域化、地域建筑现代化（图6-24）。

　　2000年，在为挪威新国家歌剧院（The New Nation Opera House, Norway, 2000—2008）举办的开放式国际竞赛中，斯诺赫塔（Snohetta）事务所获得了第一名。比赛共收到240个来自世界各地的作品，其设计者包括一些著名的公司，例如马里奥·博塔工作室、理查德·罗杰斯、Eric Moss等。这些作品从不同的环境层面综合地解决了设计中各种复杂的问题。评委认为斯诺赫塔事务所获奖方案的特点在于："该作品是对复杂作品要求诗意设计的具体回应。设计从城市出发并回归城市，建筑物联系了陆地和海洋。它不仅引导性地将人气和歌剧院的神奇魅力融合汇聚在这个地方的中心，还创造了一种意想不到的联系内外的动力，有益于奥斯陆和国际社会歌剧和芭蕾舞的交流。"

　　设计师在方案中设计了一个硕大的斜坡屋顶，它从海峡水面下方直接升起，联系了陆地与海洋。它不仅是具有观众厅顶面和舞台塔特征的屋面，也是一个具有转折作用的墙体、具有楼梯的平台，这使得从海平面到屋面最高

图6-25　挪威奥斯陆新国家歌剧院
a. 鸟瞰
b、c. 外观

处的游人都可以欣赏到最大表演厅内舞台上的演出。谨慎而具有纪念性的外形获得了一种划时代的品质，竖向及斜向轴线共同组成一种有力的构图。同时，博物馆采取谦虚的姿态适应着城市尺度，但又成为城市景观中独具特色的元素（图6-25）。整个建筑采取了简洁而富有雕塑感的造型，大的斜坡屋面根据建筑所处的环境被赋予了重要的功能和意义，面向大海的斜坡屋顶有意无意中成为大海与陆地连接的枢纽。

斯诺赫塔事务所的设计是一种批判性地域建筑的充分体现，一方面其深受挪威传统建筑思想的影响，偏爱天然材料、自然的图案色彩、顺其自然的处理手法、对空间的场所精神等；另一方面随着技术材料的发展又渴望有所突破，于是它的作品基本上都采用了极为简洁又富有雕塑感的形式，摒弃了传统的地方符号，运用现代的材料去体现地域性特征。

6.2.2　结构的关联性

地域性建筑系统整体性的另一个表现还在于结构的关联性。系统要素在保持共存的前提下，相互之间还保持着密切的联系。正是靠这种联系才使得

当代地域建筑和谐理念与设计表达

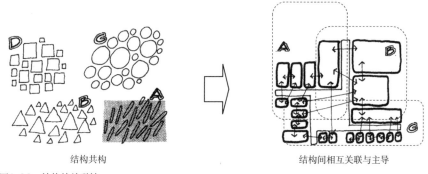

结构共构　　　　　　　　　　　结构间相互关联与主导

图6-26　结构的关联性

地域性建筑系统成为一个有机整体。系统结构的关联性表现为结构同构和结构的相互关联与主导（图6-26）。

6.2.2.1　结构同构

地域性建筑系统要素各自以独立、稳定的形式分布于时空范围之中，但它们不是彼此孤立的，而是互为条件的依赖关系，如系统自然要素的核心成为自然生态观念；在建筑技术实践中形成通用性、灵活性、真实性、适宜性的营造原则；在建筑空间构筑中充分体现场所精神。自然性与社会性统一于资源优化、经济高效和人文和谐的整体观念之中。系统要素形成相互依存的关系，又共同构成地域性建筑系统结构的关联，结构的关联反过来赋予系统要素以整体性、统一性。

6.2.2.2　结构的相互关联与主导

建筑系统结构的相互关联蕴涵着以人的需求为主的先导性因素。要素相互制约的平衡性是结构相互关联的主导性发生的基础，结构的主导性是要素平衡性的发展趋势。系统要素的相互制约在人的需求变化过程中推移，人的的需求决定着系统的主导地位。在发展中，系统要素的平衡、稳定，总被人的需求所打破，人的需求主导着要素制约方式的基本变化。正因为存在这样的平衡和主导关系，系统才处在不断的发展中。

南非种族隔离博物馆（The Apartheid Museum in South Africa）建在约翰内斯堡，由建筑师玛沙巴涅·罗斯联合事务所（Mashabane & Rose Associates，MRA）设计，种族隔离博物馆总建筑面积6000m²，气势宏伟地坐落在南非约翰内斯堡的一片公园预留地中。它是一座半地下的单层建筑，这栋复杂并具有争议性的建筑展现了南非臭名昭著的种族隔离制度起源、发展和最后被推翻的整个过程，是南非种族隔离的见证。为了体现种族隔离制度的含义，博物馆的设计以与种族隔离相关的社会人文因素关联的结构作为主导，设计过程中，建筑的处理紧紧结合这一主导结构展开。

博物馆设有两个入口——白人和非白人入口，两种门票将参观者划分为两类人——白人和非白人各自从不同的门走进去。这种从身份上加以区分的做法表明了种族隔离制度的最基本含义，也带给人们进入博物馆的第一次刺痛。主体建筑是一座线形序列的复杂个体，它运用了限制和约束、吸引和排斥等形体组合，使人们从视觉上感受到它正在叙述种族隔离的历史。

玛沙巴涅·罗斯认为，20世纪60年代后期，人们开始对功能主义建筑设计理念进行反思，并意识到功能主义建筑设计理念以适应大工业生产为目标，强化"以物为中心"，缺乏对人性的关怀，因此，许多设计也暴露出严重的缺陷。人们开始认识到建筑设计的核心问题是为"人"服务。

尊重但不拘泥于传统，MRA所进行的设计创作也正是基于以上原因，从最初成立起便注重人性化和地方性的表现，但同时也力求体现现代化，追求新技术、新材料的应用。在设计中，把对环境的处理作为设计中的一个重要部分，使建筑与环境相融合（图6-27）。

在云南丽江玉龙纳西族自治县白沙乡玉湖完全小学（2004—2005）的设计中，建筑师李晓东设计理念的产生建立在他和他的团队对当地传统、建造技术、建筑材料以及资源的研究基础之上。因此，该项目将研究和设计融为一体，试图通过对环境，社会和建筑保护的根本理解来达到对丽江乡土建筑的新的诠释。这个作品体现了经济技术因素在设计过程中的主导性，同时综合了地域的客观自然条件和社会文化的特点。

图6-27　南非种族隔离博物馆
a.外观近景
b.外观远景

　　基于以山为骨、以水为魄的纳西文化，设计者有意识地将当地材料和元
素最大程度地运用到了设计中。并且出于对材料可持续发展的考虑，在设计
中大量采用了当地资源丰富的白色石灰沉积岩和卵石，主要使用在石墙和铺
地上。建筑采用木构架系统，以利用雌雄榫接合的灵活性抵抗地震期间的张
力，山墙的木制格式框架也用来防止地震期间石山墙的大范围倾塌。传统的
建筑材料和工艺与现代的建筑工艺精心地嫁接到了一起。结构框架和门窗直
接就地取材，切割、抛光、建造。与传统大放脚地基的纳西房屋不同，该建
筑使用了钢筋混凝土地基加地梁。石墙用钢筋网加固，以抵御地震横向力。
传统的灰泥、石灰砂浆、石头以及木材均按照传统方式进行制备，混凝土则
采用现代工艺。采用新方法对传统的材料进行布置、组合，创造出了一个很
有意思的新旧并置景观，与临近的老房子达到了完美的融合。也许现在还能
通过新旧来辨别它们，但若干年后，恐怕人们很难再在村子中一眼认出它
（图6-28）。

　　建筑设计是一个诸多因素制约下的综合行为。建筑的各种因素都不是孤
立存在的，而是相互影响、相互制约、相互关联的，每一个因素自身的变化
是其他因素变化的结果，而这个结果又是导致其他因素继续变化的原因。这
些因素及其之间的相互交织构成了错综复杂的整体，这种整体性表现为系统
要素的共存性和结构的关联性。

图6-28　云南丽江玉龙纳西族自治县白沙乡玉湖完全小学
a.庭院
b.楼梯

6.3　小结

本章阐述了当代地域性建筑整体性设计的模式与表达。

整体性是一种关系，反映了部分和部分、部分和整体之间的相互联系，这些联系是整体的，是当代建筑地域性设计表达的基础和前提。

首先对地域性建筑整体性关联因素进行了分析，包括要素和结构的关联。系统要素的关联主要从四个方面进行讨论，包括与地域的自然地理要素、社会文化要素、经济技术要素，以及建筑师主观要素的关联。系统结构的关联包括系统内部与外部、系统整体与部分、主观与客观要素和地域环境与基地环境的关联。

其次对整体性设计表达进行了探讨。整体性表现出一种系统的完整性，这种完整性表现为地域性建筑系统要素的共存性和结构的关联性。

地域性建筑系统是从无序到有序、从低级有序到高级有序的生长过程。系统所处宏观环境的稳定性、微观要素关联的稳定性，是生长的前提，并且需要一定的动力推进，系统才得以生长。本章将对当代地域性建筑系统延续性生长机制和延续方式以及设计表达进行分析和研究。

7.1 系统生长机制和延续方式

系统生长需要一个动力体系存在。地域性建筑系统由主观要素和客观要素构成，动力体系是通过这两个方面之间相互联系、相互作用而形成的一个有机的"合力"体系，包括潜在动力和直接动力。其中，潜在动力是人的主观因素的需求，直接动力是地域环境条件的协同与作用。地域性建筑系统就是在这潜在动力和直接动力的相互作用下，实现更新生长的。

7.1.1 系统生长的机制

地域性建筑系统更新机制的实质是由直接动力和潜在动力两者相互联系、相互作用形成的。潜在动力是主体的需求，处于动力体系的深层；直接动力是建筑系统自然要素、技术要素、文化要素三者之间竞争与协同的作用，处于体系的表层。地域性建筑系统的更新是潜在动力和直接动力，及其内部要素之间相互作用的一致性结果。地域性建筑系统就是在这样的动力体系推动下，在时间和空间上更新生长、延续的。

7.1.1.1 潜在动力：人的主观因素的影响

按照系统论的一般原理，动力体系必有自身的输入作为动力的源泉，再经过处理使之变为确定的功能，将其源源不断地输入系统并与之发生作用。动力体系的这个输入源泉就是人的因素，即人的需求。

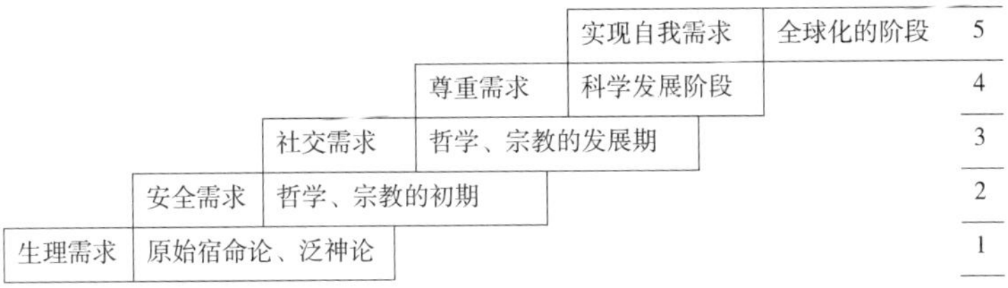

实现自我需求	全球化的阶段	5
尊重需求	科学发展阶段	4
社交需求	哲学、宗教的发展期	3
安全需求	哲学、宗教的初期	2
生理需求	原始宿命论、泛神论	1

图7-1　需求系统内部的五个结构层次

人具有社会和自然的双重属性，人的需求包含着从低级的生理需求到高级的心理需求的复杂层次，包括物质和精神两个方面。其中物质的需求是最基本、最本质的。精神的需求由物质需求派生，且贯穿于物质需求的发展之中，并反作用于物质需求。"马斯洛把人的需要具体分为五个层次：第一，生理需求；第二，安全需求；第三，社交需求；第四，尊重需求；第五，自我实现需求"[1]（图7-1）。具有由低级到高级的层级结构，原有的低级需求得到满足，新的更高一级的需求便随之产生。因而，为人类提供"庇护"的建筑必然呈现出自然性和社会性的复合属性。一般来说，自然因素作用于物质层面，更多的相关于人们的生理需求；而社会因素则体现建筑的社会属性，影响和决定建筑的文化品位和社会特征，满足人们较高层次的心理需要。不同阶段的需求给予建筑系统不同阶段的发展以潜在动力。

随着社会的发展，人们认识自然、改造自然的能力不断增强，建筑更多地体现出人的社会属性，满足人们的心理需求。社会文化因素在建筑发展过程中起着主导性的作用，它甚至决定人们对自然因素本身的态度，这是人对自然的文化选择。因此，主体需求对地域性建筑系统的发展起决定作用，是地域性建筑系统延续更新的潜在动力。

7.1.1.2　直接动力：地域环境条件的制约

潜在动力是地域性建筑产生的根源，人的需求不能对系统产生直接的作用，它处于深层，相对静止。直接动力是地域性建筑系统延续的潜在趋势转

1　李宗桂. 中国文化导论［M］. 广州：广东人民出版社. 2002：286-288。

化为真实的生长过程，处于动力体系的表层，是地域性建筑系统发展的直接动力。

地域性建筑系统的自然、技术和文化要素之间的相互作用来看，始终存在着要素之间的协同和竞争。竞争是保持个体状态和趋势的因素，也是丧失整体性，使整体失稳的因素；而作为竞争对立面的协同，是保持整体性状态和趋势的因素，具有整体性。竞争和协同作用必然导致一种"主从"关系的出现。因此，地域环境要素的竞争和协同关系，使地域性建筑系统得以构成一个生存和发展相统一的有机整体。

因此，当代地域性建筑系统的延续性，正是通过系统自然、文化和技术要素的相互作用，形成以人的需求作为潜在的动力，促进地域性要素之间竞争，达到协同的主导关系，产生根本的推动作用，促进建筑系统的生长、延续。

7.1.1.3 实现途径：潜在动力和直接动力相互关系的一致性

系统要生存发展就必须有一定的动力机制，它由潜在动力和直接动力构成，二者相互联系、相互作用的一致性导致了地域性建筑系统在时间和空间环境中更新生长（图7-2）。

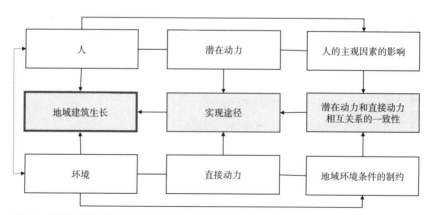

图7-2　地域性建筑系统的生长机制

7.1.2　系统延续的方式

地域性建筑系统延续方式表现为地域建筑形式的延续、建筑空间的延续，以及地域环境内涵的延续。

7.1.2.1　地域建筑形式的延续

地域性建筑形式是建筑与其所在地域的自然条件和社会条件相联系而表现出来的共同特性。它承载着一个地区人们的生活方式、经济水平、审美意识、社会结构等方面的综合信息。地域性建筑形式的延续包括地域传统元素的移植重组和抽象继承。

1）建筑形式的重组

传统地域建筑形式的重组不是对地域传统建筑的简单重复，也不是简单模仿，而是批判地继承与创新。

建筑师张锦秋设计的陕西历史博物馆（1991）通过提炼传统建筑的形制延续传统文脉。在设计中，细部仿古的做法有所改变，它虽然依旧运用大屋顶，但檐口下却大大简化。对于是否拘泥于古代木构建筑，建筑师认为，"在造型和构造处理上陕西博物馆没有虚假构件。大屋檐下的椽条、支撑屋檐的斗栱不但造型简洁，而且在结构上也都是受力构件，体现了唐代建筑与现代建筑共同追求的艺术、功能、结构高度统一的原则"。博物馆还运用了大片的铝合金茶色玻璃墙，并采用了源自传统的空间构图形式（图7-3）。

这种传统取向以西安为历史文化依托，发掘阐释古朴、庄重的唐风遗韵，类似于西方世界复古思潮中由古罗马复古到古希腊复古的演变，即意在追寻一种更为古远的、更具有强烈的纪念性尺度和开放的文化性格的历史传统建筑，它试图用传统的语汇与精神和现代材料与技术去建构新东方精神的幻境，以寄托对建构新文化精神的希冀。

2）建筑形式的抽象

具体的特征被抽象为普遍的形式特征，将这种普遍的特征通过设计表现出来，这就是设计中的抽象。从抽象的形式上看，其形式往往脱离了建筑的

图7-3　陕西历史博物馆

具体特征，表现为一种概括的建筑语言，通过这些建筑语言来唤起人们对真实传统特征的某种记忆，用现代的方法把传统的地域文化表达出来。

河南博物院新馆（1993—1998）由齐康教授主持设计。位于郑州市农业路中段，占地10余万m²，建筑面积7.8万m²。主体展馆位于院区中央，后为文物库房，四隅分布有电教楼、综合服务楼、办公楼、培训楼等。整体建筑结构严谨、气势宏伟，造型古朴典雅，具有独特的艺术风格。

建筑造型采用了"中原之气""九鼎问中原"作为博物馆设计构思的源泉，一座斗形主题建筑就在这个基础上被创作出来。冠部呈方斗状，其中心位置精心设计了一个透空圆洞。主馆建筑包含了中国古代文化"天中地心"和"天圆地方"的概念，也有"汇宇宙之气，聚天地之灵"的含义，冠部四周分别镶嵌4种图案，表示古天文学中东西南北4个方位的天象星座。建筑具有很强的标志性，充满了中原地区的文化特色（图7-4）。

图7-4　河南省博物院

　　安藤忠雄设计的塞维利亚世界博览会日本馆（Japanese Pavilion Expo92，Seville，1992），旨在展示日本传统的美学思想。这个展览馆的设计手法和外在表现形式都是现代的，但它表现出来的那种简明性和单纯性，都又表达了隐藏在传统日本建筑组装方式之中的哲学观和美学情趣。

　　展览馆在地面以上有4层，由胶合木梁柱体系支承。屋顶是半透明的张拉膜结构，建筑正面和背面均为条状木板做成的弧面外墙。参观者首先通过一座11m高的太鼓桥（拱状桥）上到顶楼，这座桥把参观者带到了一个虚构的梦幻世界，这是一座象征着东西方文化交流的桥梁。沿着自上往下的参观路线，是门厅和一系列展室。参观者在此能将一种独特的空间感受与展览陈列的日本历史联系在一起。

　　在这项设计中，安藤忠雄抽象了日本传统木结构做法，如不施油漆的木结构和白粉墙。他力求返归材料的本质，再现木构文化，用现代技术重新诠

图7-5　塞维利亚世界博览会日本馆
a.外观
b.局部

释日本传统建筑文化。试图用木结构建筑来表现日本人独特的审美特征和美
学精神。但这种对材料的纯化其本身并非目的，安藤所关注的是用木头所创
造的空间，以及木材具有的美学特征（图7-5）。

7.1.2.2　地域建筑空间的延续

"建筑的目的就是要围成空间。当我们要建造房屋时，我们不过是要划出
适当大小的空间而将它隔开并加以围护，一切建筑都是从这种需要产生的"[1]。
建筑空间形式具有物质与精神的双重属性，表现为空间的结构和意义等。空
间的结构是指各功能系统间的一种组合关系，是设计者根据空间的逻辑关系
和功能要求，结合社会、文化、艺术等诸多因素而综合提炼、抽象出来的空
间框架。建筑空间的意义指的是空间的内涵层面，主要反映建筑空间的艺术
取向和精神取向，是建筑空间的社会属性。

地域性建筑空间的延续包括空间形式和空间原型，建筑的空间形式是空
间的表面特征，空间原型是空间的深层结构。

1　（意）布鲁诺·赛维. 建筑空间论. ［M］. 张似赞译. 北京：中国建筑工业出版社，1985：158.

　　1）空间形式的延续

　　建筑空间形式与生活形态相对应，反映当地生活模式和环境特征。它不是具体"功能"需要的产物，而是一种普遍的形式，包含了特殊性和多样性。当代建筑创作对地域建筑中有特定意义的空间，加以抽象、变形并运用，将这种空间形式转化为一种适应当代的空间形态。

　　北京德胜尚城（2005）位于德胜门箭楼的西北方向，与其相距仅200m。用地南北长200m，东西80m，限高18m。它的设计，再现原址的旧城结构和肌理，营造开放的城市空间，并唤起城市的记忆。如将地上部分分成7栋独立的单体建筑，构成一条开放式的城市步行街，把德胜门作为对景。每栋楼都拥有自己的庭院，办公楼入口设在内院中，目的是要遵循老北京从大街钻胡同、穿院子进房门的空间序列特色。在地面和屋面上用老材料参照原址测量位置，恢复了一部分历史建筑片断，让已经消失的老街给后人留下城市的记忆（图7-6）。

　　2）空间原型的延续

　　建筑空间原型的延续，就是从特定城市肌理、聚落环境以及建筑空间构成中，发掘形成这种空间的行为缘由，而以这种特定的行为模式为基点，寻求新的建筑空间形态，使新旧建筑之间、建筑与环境之间达到某种空间意义上的默契。

　　中国书院博物馆（2012）位于岳麓书院南侧。岳麓书院主要功能分为讲学、藏书、祭祀三个部分；建筑形制采用中轴对称、纵深多进的院落形式；"教学"与"供祀"两条轴线呈南北并置，其中讲学、藏书类建筑运用灰墙青瓦；整个书院建筑群完整展现出中国古代文人建筑的儒雅气质。中国书院博物馆定位于"从属""配角"的地位，以达到"藏"和"纳"的意境。

　　考虑到基地北侧需保留的古树，建筑布局采取由北往南的行列式布局。另考虑对建筑高度的控制，利用地下空间作为临时展厅及设备用房，在满足合理的功能空间使用需求前提下充分尊重自然环境。设计以谦逊的态度，利用下沉广场及与建筑山墙平行的空中连桥作为建筑入口，"侧身"进入博物

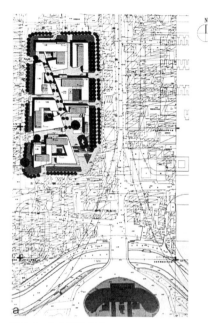

图7-6 北京德胜尚城
a.总平面
b.步行街

馆，既体现书卷之气，又与书院南北次轴线形成对位关系，使空间肌理得以
延续。

   "斋"为书院的原型，是岳麓书院学堂与学习空间的主要空间形态。中国
书院博物馆空间构成延续"斋"的形式，满足采光通风、收集雨水等功效；
同时结合展陈功能及参观流线的需求，引入"天井"空间，将各个展厅有机
地串联起来，形成序列空间，并适度地将对外展陈和内部办公区有效分离，
借天井导入自然景观，塑造恬静的空间氛围。建筑屋顶、山墙相互分离、解
构，以进一步削弱整体体量，产生狭缝空间，解决地下采光，光被片段化植
入，分割和弱化了内部空间，这种片段化一定程度上与书院建筑相对轻盈的
形态有所呼应，但元素自身的现代气息却使人行走其间，仿佛穿越古今记忆
片段之中（图7-7）。

图7-7　中国书院博物馆
a.外观
b.总平面

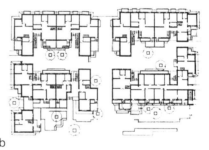

图7-8　"菊儿胡同"新四合院工程
a.外观
b.平面

　　吴良镛教授主持设计的"菊儿胡同"新四合院工程（1989~1991年），从
实践和理论两方面，探讨了四合院及其外部空间的"原型"在当代城市和建
筑设计中再现的方法（图7-8）。他指出，北京的城市空间结构，是以大街、
小街、胡同、四合院，构成一个明晰完整而有序的空间体系。在这一体系
中，四合院住宅在城市大系统的控制下，建筑空间逐层生成，建筑师以此为
"原型"，提出了"类四合院"体系。

7.1.2.3 地域环境内涵的延续

在特定地域，由于社会、经济及生活方式的不同，人们通过生活活动与其所处环境结成相对稳定的结构，形成特定的生活形态，表现为特定的物质空间结构和社会关系。人与环境之间、人与人之间不断互动，使得物质环境成为特定的人为环境，形成特定的社会关系。地域环境内涵即是这种人为环境和社会关系体现出的精神场所。

1）生活方式的延续

在长期的生活积累中，形成了特定地域的生活方式，反映出地域受自然、文化等因素的综合影响。对于建筑师而言，应当从地域的切实需要出发，通过发现和鉴别来进行设计，而不是主观的臆造。

拉普卜特在其著作《文化特性与建筑设计》一书的开篇中列举了3个现代设计实例所招致的抵制：[1]

第一个案例是法国建筑师在北非村庄引入自来水的事件。其结果是当即招来当地居民的不满与抵制。调查显示，对于深闺中的妇女来说，到村中的井边去打水，是接触社会的一个难得机会。而提供自来水则把她们这一重要的社交机会剥夺了。妇女们为此感到抑郁，于是向她们的男人们抱怨，从而导致了抵制行动。

第二个案例有关哥伦比亚和委内瑞拉交界处亚马孙丛林中的莫蒂隆印第安人社会。他们的居所也就是聚落，被称为"博伊奥"。博伊奥是圆形的茅草顶结构，茅草顶几乎着地，以使居所内光线昏暗，各家可以在博伊奥的圆周边缘以隔墙限定自己的空间，中间悬挂着吊床。各家还在自己空间前方的泥土地面上架设火炉，这样所有的炉火都面向巨大的中央公共空间，有效地阻挡了他人窥视自家的视线。

一些好意者将泥土地面这种蛮荒时代的居住方式——终年暗无天日，烟

1　（美）阿摩斯·拉普卜特. 文化特性与建筑设计［M］. 常青等译. 北京：中国建筑工业出版社，2004：2-5.

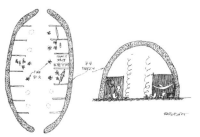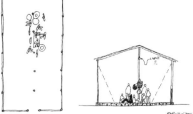

图7-9　莫蒂隆的博伊奥，莫蒂隆人的替换住宅

熏火燎的茅棚，代之以采光、通风良好，金属屋顶，水泥砂浆地面和电灯照明的居所。这当然是一种进步，但我们很快会看到，事情并不那么简单。一方面，泥土地面没有考虑到莫蒂隆织布机的支脚要插入地面，还有就是婴儿的便溺不易清洁。茅草屋顶虽昏暗却可以规避蚊虫，而电灯却招来野兽，并且因为没有外围墙，失去了居家的私密感和亲昵的可能。每一生活细节的改变，都导致了地域文化的解体（图7-9）。

　　第三个案例关于澳洲土著人的传统露营地。每一个家庭通过一日数遍的清扫划定各自的空间，都有一堵挡风墙。炉火位于各家空间的边缘，紧靠宽敞的中央公共空间（图7-10）。但是当引入人工采光以后，私密性遭到破坏，冲突化解机制破坏殆尽露营地不再黑暗，人们彼此可以看见对方，可以离开挡风墙到处走动，于是斗殴事件陡增。当然引发这一后果的还有一些其他因素，如生活方式的变化等。

　　可见，建筑师在进行建筑设计时，应该详细调研当地人们的生活方式、行为规则、文化适应程度等，了解他们的具体要求，采取适宜的设计策略，延续地域环境人们的真实生活方式。

　　2）行为活动的延续

　　人们都生活在已有的生活环境中，他们的生活方式、价值观念、文化习俗、传统劳作方式和所属的实体环境共同构成了所在生活环境的全部特征。人在长期的适应和改造一定地域环境的过程中，往往形成了很多特色空间活

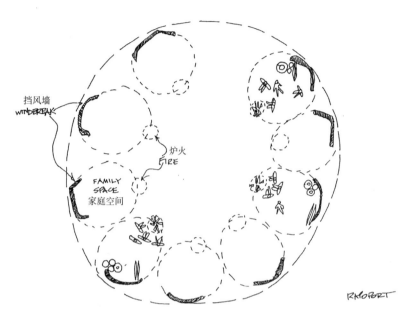

图7-10 土著人露营布局图解

动，这些活动是最能打动人的场景，也是历史文脉的重要表现。公共生活的
特定活动包括必要性活动、自发性活动和社会性活动[1]。

凉山民族文化艺术中心暨火把广场（2005~2007年）是四川省凉山彝族
自治州开发地区旅游资源，弘扬地方民族文化的一项重点工程；是州府西昌
市凉山民族文化公园整体规划的一部分；是一座以演艺中心为主，融学术交
流、展览、商业、娱乐为一体的多功能文化建筑。

凉山具有美丽的自然风光，深厚的彝族文化。彝族的原生文化之根是崇
拜自然与祖先的原始宗教。每年农历六月二十四日的彝族"火把节"，是火神
崇拜的最典型表现。毕摩文化是彝族原始宗教信仰的符号，信仰仪式神圣而
神秘。火把节与毕摩文化是这座城市深邃的人文资源。

1 （丹麦）扬·盖尔. 交往与空间［M］. 何人可译. 北京：中国建筑工业出版社，2002：13.

　　彝族崇尚红、黄、黑三色，集中体现在服饰和漆器上。彝族服饰色彩艳丽，与闪光的银头饰相辉映，具有强烈的视觉冲击力和美感。彝族漆器造型古朴、图案抽象，带有浓郁的民族特色。服饰与漆器是彝族传统文化的代表。

　　传统的彝族民居采用木料穿斗、多柱落地的排架结构，四壁垒土为墙，常在门窗、拱架上施以丰富的雕刻，并装饰红、黄、黑三种醒目的色彩。多层出挑的木拱架结构，形成了令人炫目的顶棚效果，成为最突出的特征。

　　设计者从创造回归自然的大地景观，提供充满活力的城市空间，演绎绚丽多彩的地域文化几方面入手，为"火把节"这一彝族的社会性活动提供了空间环境（图7-11）。

　　3）场所精神的延续

　　诺伯舒兹（Christian Norberg-Schulz）曾在1979年提出了"场所精神"的概念。他认为，场所不是抽象的地点，它是由具体事物组成的整体，这个整体反映了在一定地域环境中人们的生活方式和其自身环境特征。因此，场所不仅具有实体上的形式，还具有精神上的意义。

　　天津老城厢鼓楼街区A地块（西北区）复原与再生工程（2005），基地环境位于天津老城厢鼓楼街区的历史地段。从建筑对地域文化特色的表征、建筑对城市形态的重构、建筑艺术创新等方面，回应和整合了地段环境，使建筑融入环境，尊重地域文脉和建筑景观，使新建筑与基地环境和谐共处；同时探讨了城市范畴内历史地段保护与发展、传统与现代和谐共生的解决途径（图7-12）。

　　目前过度的商业化对历史地段居民的原有生活活动造成一定的冲击，过重的商业气氛只会侵蚀原有的文化历史气息。所以，建筑创作活动必须与所在地域的实体环境和文化环境相适应，协调相融，这样表里如一的建筑才会使地域文脉得到延续，使人们找到自己真正的心理上的栖身之所。

　　延续生长是系统的一种基本特征。当代地域性建筑系统延续性不仅是物质形态环境的延续，也是生活环境内涵的延续；不仅是形态表象的延续，也是形态内涵的延续。

图7-11　凉山民族文化艺术中心暨火把广场
a.鸟瞰
b.通廊
c.外观

图7-12　鼓楼街区A地块（西北区）复原与再生

7.2 延续性设计表达

当代地域性建筑的延续性设计表达包括外在的延续性和内在的延续性。外在生长体系是地域系统客观要素和主观要素的显性关联方式，内在生长体系是地域客观要素和主观要素的隐性关联方式。这两种生长体系是地域性建筑系统的生长方式，使地域性建筑在特定的时间和空间中延续更新。

7.2.1 外在的延续性

外在的延续性是地域系统客观要素和主观要素显性的关联方式。具体包括传统建筑形制的提炼、地域建筑片断的重组、地域文化符号的引借。

7.2.1.1 传统建筑形制的提炼

通过对传统建筑形制的分析和研究，对其进行归纳和提炼，使新建筑的空间模式与地域传统空间相联系。

苏州博物馆新馆（2006）建筑群坐北朝南，以中轴线对称的东、中、西三路布局，与东侧的老馆忠王府格局相互映衬协调。"中而新，苏而新"是贝聿铭最早就确定了的设计理念，这一理念在新馆建筑上得到充分体现。"苏"主要体现在苏州古城风貌和人文内涵的融合，"新"主要体现在用材上。贝氏用他的智慧和独特的设计风格，使"新"充满了"苏味"，变成了创新的"苏"和创新的"中"。设计吸取了传统中国园林精华中的树、光、水。庭园中的竹林树木，姿态优美，线条柔和，与建筑刚柔相济，形成一种和谐之美。紫藤园西南的紫藤树，是贝聿铭在光福苗圃园亲自选中并嫁接了从明代书画家文徵明手植的紫藤上剪下的枝蔓，以示延续苏州文化血脉的寓意。

新馆的设计用新材料和新技术表达了具有传统和地域特色的建筑风格。苏州博物馆的基本色调是灰和白两种颜色，也是苏州传统建筑的色调，建筑借鉴了传统苏杭民居的空间和尺度，在现代的几何造型手法中体现了错落有致的江南水乡的特色。材料采用钢和玻璃，用新的材料组合营造了传统建筑的风格。用灰色的花岗岩结合钢结构创造了具有新特色的屋顶形式，干燥的

图7-13 苏州博物馆新馆
a.模型
b.庭院

灰色花岗岩经雨水浸润后颜色加深，黑白灰搭配得和谐有度（图7-13）。

苏州博物馆是贝先生对中国当代建筑创作发展的新实践。这一项目反映了他对传统空间和形式的理解与把握，为我们对中国建筑的现代发展提供了有益的思考。

西安大唐西市遗址及丝绸之路博物馆建于原隋唐长安城西市遗址之上，项目包括隋唐长安城西市十字街遗址保护、西市出土文物展示、丝绸之路历史文化展示以及相关辅助内容。建筑分为七大功能区：博物馆入口区、遗址展示区、博物馆展示区、城市客厅区、商业服务区、库房及设备辅助区、地下车库区。

建筑设计在切实保护隋唐西市道路、石桥、沟渠和建筑等遗址的基础上，通过合理布局，创造性地保护和展示了隋唐西市十字街遗址以及十字街原有的道路格局、尺度、规模及氛围。建筑设计从形式、结构、尺度、坡屋顶的坡度、材料、色彩、质感等方面，追求新颖而富有独特地域特色的建筑形象，与周边新唐风建筑协调。建筑通过采用尺寸为12m×12m的展览单元，将隋唐长安城里坊布局、棋盘路网的特点，贯彻于博物馆空间始终。同时，对建筑的体量、尺度、材料、肌理和色彩等方面进行了一系列新探索，创造

图7-14 大唐西市博物馆
a.外观
b.鸟瞰
c.室内

出高低错落、丰富有序的空间层次和效果，并用现代的方法和手段，表现出
隋唐长安城市与建筑空间与形式的特点（图7-14）。

7.2.1.2 地域建筑片断的重组

运用传统地域建筑的片断或要素，在设计中，通过对建筑形式、空间布
局、环境色彩、建筑细部等，结合现代功能进行拼贴重组，使之成为一个完
整的整体。

位于西班牙梅里达市的国立古罗马艺术博物馆（National Museum of
Roman Art 1985，图7-15）由西班牙著名建筑师拉斐尔·莫内欧（Jose Rafael
Maneo）设计。设计者从城市的历史环境、建筑空间的营造、建筑结构和材
料的选择，以及建筑细部处理等方面对古罗马建筑传统和形式进行提炼与

图7-15 古罗马艺术博物馆
a. 入口
b. 中央大厅
c. 承重墙体系
d、e. 临近古建筑遗址

创新。博物馆建筑空间构成主要分三个部分，其中展厅部分空间长70m，宽
40m，设计者把展厅沿宽度方向分为三个"层"，分别是"壁龛"、专题陈列
区和中央大厅。这三个"层"又被巨大横向承重墙体系分成10跨空间。展厅
的空间尺度与古罗马建筑宏大尺度相联系，建筑师在此充分展示了对古罗马
纪念性建筑空间特征的把握。莫内欧在众多的古罗马建筑类型中，选择了三

类建筑作为博物馆建筑空间构成的原型——巴西利卡、市场建筑、公共浴场，以唤起人们对古罗马建筑工程和西班牙纪念性建筑的深刻印象。在建筑结构和材料的选择上，设计者没有陷入对古罗马建筑形式的具体模仿，而是采用巨大混凝土拱券和承重墙结构体系，以及罗马砖建筑材料，突出了结构自身的表现力。梅里达古罗马艺术博物馆的设计中所展现的结合古老罗马建筑传统和现代建筑设计理念的创造无疑对我们有很大的借鉴意义。

7.2.1.3 地域文化符号的引借

符号引借是将人们所熟悉的传统符号加以抽象、裂解或变形，使之成为某些带有典型意义或象征意义的符号，引用于当代建筑创作中，从而使新建筑与传统建筑带有某些联系。该手法要求符合人们约定俗成的隐喻象征习惯，更强调夸张、变形与抽象提炼。建筑符号的引借不仅仅局限于传统建筑的片段、符号，它还可以从其他艺术形式、生物形式、美学观等得到提炼和借鉴。

贝聿铭先生设计的北京香山饭店（1982年），引借了大量传统的建筑符号，如江南园林中的白墙，民居中的窗的形式，青砖坡屋顶，传统的院落式空间以及园林小品等，从而走出了一条用现代材料和技术演绎传统文脉的路子，这在当时的中国是具有积极意义的（图7-16）。

在中国藏学研究中心二期工程（2009）中，设计者通过建筑概念与结构技术的紧密结合而发展了建筑传统，在造型上引借藏族建筑文化符号，对其

图7-16 北京香山饭店
a、b.外观

图7-17　中国藏学研究中心二期工程
a.外观
b.模型

形式加以抽象更新，体现了传统地域文化内涵（图7-17）。

7.2.2　内在的延续性

内在的延续性是地域系统客观要素和主观要素隐性关联方式，包括地域文脉本质的抽象和地域环境内涵的整合等。

7.2.2.1　地域文脉本质的抽象

地域建筑的生长与特定的自然、社会、经济、文化等综合因素相关联，发掘其内在的机制和建筑原则，从深层次上认识和把握地域建筑文脉存在的本质，从而抽象出地域建筑的构建策略。

墨西哥建筑师里卡多·利哥雷塔的复合办公建筑（Office Building，Monterrey，Mexico，1993~1995年），墙与形体的组合形成了一些中庭与阳台空间，对于典型的地中海传统来说，这些外部空间成为建筑群体组成的必要部分。建筑的阳台可以提供远望山峦景色的地方，中庭形成可以遮蔽且亲近的空间，强烈的色彩把混凝土墙的特性表达得更为清楚，用于思考的办公室则采用较为柔和的陶土色。这种强烈色彩的运用，结合了形体的水平延伸于具有雕刻效果的开孔，将建筑上哥伦布时期后、殖民时期以及传统墨西哥的精神，重新组织并诠释，这些语言来自于当地的脉络以及文化传统（图7-18）。

图7-18 复合办公建筑
a.外观
b.内庭

　　整座建筑包括一栋体量较小的可以出租的办公楼和另一栋著名实业家的办公楼总部兼存放艺术收藏品的建筑。阶梯状与阳台式的造型呼应了当地山峦的景观，而强烈的色彩则为四周环境注入了活力；在传统的西班牙建筑中，墙面与体量被发展起来，来用于围塑中庭与室外空间，同时这些空间也产生了阴影并可以延伸至室内。具有亲和力的中庭以封闭的实墙围塑起来，借由植物来软化严肃的几何形状，并将繁茂有机的活力加入到整个空间系统之中。建筑物适宜的尺度，呼应了城市郊外的环境脉络。

　　安藤忠雄，被誉为"清水混凝土诗人"。安藤的作品把原本厚重、表面粗糙的清水混凝土，转化成一种细腻精致的纹理，以一种绵密、近乎均质的质感来呈现，对于他精确筑造的混凝土结构，只能用"纤柔若丝"来形容。安藤的作品虽以混凝土为主，但悠游在安藤的空间里，触手可及的自然令人感觉建筑与大自然极度融合。曲面墙界定的中界空间，由上洒下的自然天光，均成为在建筑中的引导因素，形成一种东方的诗化意味。

　　这是一组位于古城京都高濑川河边的商业建筑，高濑川是流经京都中心的主要水上通道，也是鸭川河的一条支流。安藤在这座建筑中，着重解决的是人—建筑—河道的关系，为此，他设计了一个标高几乎接近河道水平面的广场，作为统一这三者的要素。而商店本身的建筑体量则化整为零，并有多

图7-19　TIME'S
a.沿河外观
b.沿河平台

处可以看到河道景观，很好地表现了京都传统街道的艺术特点。

　　在TIME'S的设计（1984，图7-19），安藤忠雄讨论传统的视点主要集中在建筑形态的问题上。虽然没有形成肯尼思·弗兰普敦所提倡的批判地域主义理论那样的系统理论，但安藤所思考的不是传统形态的继承，而是地域建筑文脉的抽象和继承。TIME'S是安藤以文化性的视点解读以庭园为中心的京都建筑，继承了京都人在漫长的历史长河中培育起来的沿街建筑的手法。

　　7.2.2.2　地域环境内涵的整合

　　地域环境内涵的整合包括与地域文脉和基地环境的契合。在整体地认识与把握地域建筑文脉的同时，将建筑周边环境的空间特征和形式要素相关联，与建成环境的特征整合为一个整体。

　　泰州民俗文化展示中心（2011）位于泰州五巷传统街区南面，处在旧与新、小肌理与大尺度、历史街区与城市道路之间。作为改造复兴稻河古街区的工程项目，资源丰富同时极具挑战。街区内文物古迹众多，空间肌理井然，文化积淀深厚，但由于年久失修，破损严重。项目建设将坚持积极保护、有机更新，着眼于保护历史真实性、风貌完整性和文化延续性。

　　泰州民俗文化展示中心设计基于上述分析，对周边空间进行适度整合，维护整个历史文化街区风貌的协调性和完整性。设计方案着力研究和领会泰州传统建筑的特质，用现代手法整合地方建筑的基因，延续地域建筑文脉的同时，将稻河水巧妙延伸，使水景成为建筑景观的有机组成部分，空间序列上加强了总体格局的整体性（图7-20）。

洛阳博物馆新馆（2009年，图7-21）毗邻隋唐洛阳城遗址，是洛阳城市中轴线上极为重要的标志性建筑，设计概念的确立是场地制约结合历史意象产生的结果，历史意象来自于对历史的宏观认知。通常对待历史题材的建筑创作，人们往往诉诸于一些有形的文化遗产加以抽象再现，但是对待洛阳这座特殊的城市，设计者李立选择的却是避实就虚，从概念的转换中努力探索新的空间形式。设计者对洛阳的历史秉持了一种整体认知的观念，不为某个具体朝代的建筑形制所束缚，而把历史上的不同朝代都看作这厚重历史共同的、平等的组成部分。设计者更注重表达的是一种文化的实质。夯土遗址的本体呈现出一种最本质的大地形态，它们承载着历史先人的活动信息。

建筑群体布局为了突出展馆主体，将附楼消隐为覆土地景建筑，作为大地延伸的同时也提供开放的城市公共空间。设计者意识到，如果主体建筑可以视为洛阳城市的缩影，附楼亦可理解为滋养这城市的大地出口，于是他们将目光投向洛阳周围的自然地理山势，使隋唐洛阳城的选址特征"背负邙山，南望伊阙"成为主动表达的概念，并在方案中得到强化。建筑最终形成了概念复合的建筑特征：形体的彰显与空间的沉静融合外部的凝重与内部的虚空共存，古典的轴线与非对称的空间组织融合光与空间交织成内在的园林意向。封闭的外表与开敞的地形塑造融合，将纪念性和公共性并置呈现。

雷姆·巴德让（Rasem Badra）设计的沙特阿拉伯利雅得旧城改造工程（1992）是在利雅得富有浓厚历史、社会和政治色彩的地段所进行的改造设计。设计者希望通过营造适宜的外部环境来实现社会文化的延续性发展，并且希望现在以及将来的使用者们都能够适应这个项目所传达的伊斯兰文化以及精神旨趣。

整个改造由三部分组成，包括大清真寺、司法宫以及文化中心。雷姆·巴德让仔细分析了当地人的生活方式、气候以及周边的环境，并运用现

图7-20 泰州民俗文化展示中心
a、b.庭院
c.外观
d.室内

图7-21　洛阳博物馆新馆
a.屋顶
b.室内

代的设计手法和材料、技术对当地的传统建筑语言进行了新的诠释，从而在一个复杂的旧城中心区创造了一个生气勃勃的空间有机体。

雷姆·巴德让在清真寺和周边环境之间设置了多样的过渡性的活跃的空间，并容纳了商业、服务等方面的内容。在整个设计中，满足普通生活需要的各种设施设置于清真寺的周边，教长住房在清真寺的旁边，而教长住房周边又设有教育和文化设施。这样，人们的日常生活和祈祷这种精神生活混合在一起，从而使清真寺更具有人情味，避免了清真寺严肃的纪念性质，也使得此改造与周边地区紧密联系起来。司法宫有两座桥通往清真寺，在政府和宗教场所之间既有现实的又有着象征的意义。

清真寺的重建是建立在对当地已有清真寺建造模式的分析基础上的，其中庭院、拱廊、礼拜堂是必不可少的元素。而为了保持这个地方人们已有的记忆，设计采用了传统的建筑元素并将其改造以满足现代人的需求。因此，我们可以在设计中看到对那些传统中很经典的尖塔、结构系统以及建筑细部等的更新设计，而且这绝对不是对传统的简单复制，而是对建筑赋予历史精神的配置。

建筑不仅在布局上体现出这种改造与社会及传统的联系，而且在单体处理以及技术运用上也有所体现。设计者在解决清真寺大空间的采光、通风方面充分借鉴了当地社会的传统做法，即传统建筑普遍使用的光塔及通风塔。

当代地域建筑和谐理念与设计表达

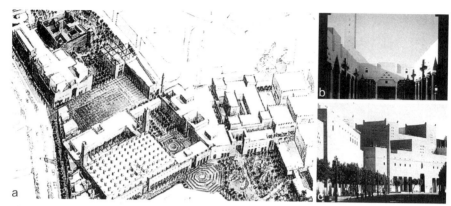

图7-22　利雅得旧城改造工程
a.鸟瞰
b、c.外观

在新的设计中，设计者在柱头处安置了小的塔，从而巧妙地解决了这些问题，而且这也避免了因大量使用空调而不得不使用吊顶等情况。另外，在外墙用材上，采用了当地的砖石材料，由于当地炎热的气候以及保护私密性的考虑而仅仅开了一些小窗。在室内装修方面，通过对家具（使用当地的木制家具）、装饰、壁画等的综合运用而给予室内以丰富的层次（图7-22）。

阿卡·汗奖评委会对此项目这样评述："此设计的空间特点和图像学意义显示出设计者对该地区文化深厚的了解和对建造技术的掌握……建筑师成功地创造了现代的城市建筑群体，同时又保持了传统构架的精髓，这是一个了不起的成就。"[1]

7.3　本章小结

本章阐述了当代地域性建筑延续性设计表达。

1　高峰. 建筑的社会性探析——由一项获阿卡·汉奖的城市更新设计所引发的思考［J］. 中外建筑，2004，3：22.

　　延续性是指保持地域性建筑系统的基本原形不变，通过不断的衍生，使地域性建筑系统内涵不断扩充，内部关联的复杂性不断增加，这是当代地域性建筑设计表达的内涵和动力。

　　本章第一节讨论了系统和谐延续的生长机制和延续方式。系统要生存发展就必须有一定的动力机制，它由潜在动力和直接动力构成，二者结合形成地域建筑实现的途径。其中，潜在动力就是主体的需求，处于动力体系的深层；直接动力是地域性建筑系统自然要素、技术要素、文化要素层面三者之间竞争与协同的作用，处于体系的表层。二者相互联系、相互作用的一致性表现为地域性建筑延续发展的途径。地域性建筑系统就是在这种动力体系的推动下，在时间和空间环境中更新生长。系统延续的方式，即地域建筑形态的延续、地域建筑空间的延续、地域环境内涵的延续等。

　　本章第二节归纳了系统和谐延续性的设计表达，包括外在的延续性和内在的延续性表达。外在的延续性是形式上的，主要从传统建筑形制的提炼、地域建筑片断的重组和地域文化符号的引借三个方面进行了阐述；内在的延续性是意义上的，主要从地域传统文脉本质的抽象、地域环境内涵的整合两方面论述。

第八章

当代地域性建筑主题性设计表达

主题性是当代地域性建筑系统的核心特征，它表明地域性建筑系统在一定时期内在要素、结构、环境的整体价值取向。本章将对当代地域性建筑设计表达的要素协同和主题辨识过程，以及主题性设计表达进行分析和探讨。

8.1　系统要素协同和主题辨识的过程

系统要素的协同，包括设计主体价值取向的协同和设计主体与环境要素的协同。主题辨识的过程是对主题把握、确认和强化的过程，分为条件的梳理、要素的平衡、成果的完善三个阶段。理清了系统要素协同和主题辨识过程，才能把握建筑设计过程中主题性的设计表达。

8.1.1　系统的要素协同

主题性表明了地域性建筑系统在一定时期内的整体价值取向，它对地域性建筑系统具有全局性的影响，体现出地域性建筑的核心特征。

当代地域性建筑设计表达主要处理"主观因素和客观因素的互动平衡关系"。在设计中不仅仅简单地依据客观的物质条件，而是追求主观因素和客观因素两个方面的平衡和统一。一方面对相对确定的地域客观条件进行优化平衡，另一方面对不确定的人的主观因素协调其价值取向。二者有机融合与互动产生一致性，构成建筑地域性设计表达的整体意向，从而明确当代地域性建筑系统主题性内涵和特征。

建筑师马里奥·博塔在讨论建筑与其"环境"的关系以及在今天所传达意义的时候，表明他的认识："一方面，我对建筑的理解是一个综合了多种理念与思想的集体，它在我的脑海中形成了理论的基础，从建筑学科纷繁的理论体系中独立出来。它们是我所处的时代文化能够带给我的全部信息。从某种意义上讲，它们代表了先辈们流传下来的集体文化遗产，也是我所受教育的基础。它们是今天建筑师的理论背景，因为所有的建筑师都要直接或间接地对过去建筑学的产物进行继承。因而，我的思想实际上是由一些具有足够的理性和可描述性的成分组成的，它们来自于我们学科中的那些社会性的、集体性的价值，只有围绕这些价值，理性的评论与评判才可能产生。另一方面，我对建筑的认知又与一些更为主观的、自主的、有时甚至是神秘的成分联系在一起，它们组成了一个人的非理性的情感（非常难于描述），但也会参与到人的评估与选择的过程中来，而这种参与在设计过程中是非常具有代表性的。"[1]博塔对设计过程中影响因素的描述涉及了地域性建筑系统主题性的本质。

当我们分析事物之间的相互作用时，是以自身的认识为基础的。当代地域性建筑设计表达包括人的主观作用和客观地域条件的平衡，二者一致性的关系为当代建筑地域性表达的主题提供了基础，这种认识，使设计人的注意力集中到建筑地域性设计表达的本质方面。

8.1.1.1　人的主观价值取向的协同

创造文化的主体是人，不同的人，其知识水平、劳动技能和素质、性格、气质、心态、行为规范、价值观念等不同，对认识、利用和改造自然的程度与效果，以及对外来文化选择，创造文化的类型、层次、结构等都有很大差异。人们长期生活在一定的文化模式中，就会形成一定的心理特征和行为取向。不同地域，不同民族的人们的文化心理模式是不同的，这也就必然使人们对建筑或空间形态的体验和理解存在不同。

当代建筑设计从开始进行到完成，参与者涉及委托者、承担者、协调者、监督者多方面背景完全不同的人，他们构成了广义的主观因素，分别代表了活动中不同目的人群的利益，共同参与设计决策，完成设计的整个过程。下表列出了参与建筑设计决策的六方面不同性质的群体（表8-1）。

1　马里奥·博塔. 博塔的论著［J］. 张利译. 世界建筑，2001，9：25.

建筑设计决策的参与方[1]　　　　　　表 8-1

业主	建筑师	建筑官员	营造方	开发公司	咨询公司
物主 经理 住户 用户	设计院（所）长 项目经理 施工图主持人 设计人 施工规范编写人 设计监理 施工现场经理 市场经理	消防部门 规划部门 建筑主管部门 政府建筑官员 质检部门 投资机构 环保部门	总承包商 分承包商 工程督察人 采购人 工会	投资方 贷款机构 法律顾问 保险公司 租房代理人 房产经纪人	工程咨询 工艺咨询 建材设备商 行为学家 估价师 监理工程师 施工组织师 景观设计师

　　从根本上说建筑设计成果是所有参与者综合活动的产物，这些参与人共同构成了广义上的设计主体。

　　在如此繁多的参与者之中，由于建筑设计是技术与艺术结合的专业创造性活动，决定了直接从事建筑设计的主体是建筑设计师。建筑师以其专业知识和技能从事建筑设计工作，构成了通常狭义上所称的设计主体。所以，主体价值取向指建筑设计师与其他参与者价值观的整体平衡。为了便于对主体价值取向进行研究，我们先对主体设计思维结构以及影响因素做初步的探讨。

　　1）主体的思维结构

　　思维结构即"由思维的基本要素按照一定的规则和方式构成的、具有一定功能的有机整体"[2]，主体的思维活动决定着设计思维的进行方式与特征，同时体现出综合解决设计问题的作用。

　　（1）主体思维结构的要素层次

　　思维活动可以这样理解：在设计主体心理因素的作用下，运用已有的知识、经验和思维技能，把输入的任务信息同大脑中存储的以及搜索来的相关知识、经验联系起来以解决相应的设计问题。设计思维活动涉及的基本相关因素有：[3]第一，主体的心理意识，主要是指主体内在的情感、情绪、意志、

1　张钦楠. 建筑设计方法学 [M]. 西安：陕西科学技术出版社，1995：14.
2　陈立等. 思维方式与社会发展 [M]. 北京：社会科学文献出版社，2001：126.
3　整理自：田利. 建筑设计的基本方法与主体思维结构的关联研究 [D]. 东南大学，2004：55.

态度、倾向、需求等；第二，输入的任务信息，这是思维的加工对象；第三，主体大脑中存储的各种知识与经验，这是对输入信息进行加工的基本依据；第四，思维能力，是把大脑存储的知识、经验与输入的信息联系起来的能力，以大脑的先天素质、主体思维活动的经验、对思维规律的掌握及运用为主要内容，这是对信息进行加工的工具；第五，影响主体思维的各种外界因素，如政治、经济、文化背景以及社会关系、生产组织方式和各种传统习俗等。

从主体设计思维过程涉及的因素我们可以看到，除了从外界输入的任务信息以及外界的影响因素，主体内在的心理意识、知识、经验和思维能力是主体思维结构的基本要素，借助这些基本要素主体才能设计思维活动，这些要素形成了设计主体思维结构的不同层次，具体归纳如下：

思维结构的深层，即心理层次：这是以主体的意识为要素的思维的潜在活动，由意识、无意识和潜意识构成。涵盖群体心理、民族心理、集体无意识、内心情感、传统习惯、精神信仰等心理倾向和心理定势。是思维结构中的非逻辑成分，是思维活动中隐含的内在动力，影响着思维活动的方向，对人们的思维产生着巨大的作用。

思维结构的中层，即理论层次：是由知识体系和经验体系组成的理论系统。这个层次中，首先表现出来的是以抽象概念为要素，由思想、观念、知识构成的体系；其次是在实践中形成的经验，可以直接用于思维活动，又可"内化"为概念，形成知识系统。理论层次是思维结构的核心内容，是由若干自成体系的范畴链相互交融所构成的基本框架，是主体思维结构的主干。

思维结构的表层，即技能层次：这是以设计语言为要素的思维活动的物质表现，是思维活动中的具体操作工具，体现为思维的能力、技巧，如思维策略、创作技法等。

设计主体思维结构是心理层次、理论层次和技能层次的有机统一。在建筑设计活动中，通过一定的进行方式表现出来。

（2）设计思维进行方式

设计思维进程具有阶段性和一定程度上的次序性，这表现在设计活动中建筑师都要进行基地踏勘、分析设计条件、进行设计概念的探求、深化发展方案、进行成果评价以及具体实施等。设计思维形成要有一定的信息积累和时间酝酿，需要长时间的深化发展，在过程中思考，不断地调整和完善。要将创造性思维的成果进行科学理性的分析，同技术、经济、材料、法规等多方面的因素结合起来，最终实现方案。

设计主体的社会背景、生活经历、心理素质、理论修养、思想观念、实践经验和能力不同，对设计信息的接纳、选择、理解、处理和加工上的差异，使其在设计思维进行方式中形成了鲜明的个性，表现出设计行为和设计成果的差异性。

（3）设计思维的特征

设计思维是逻辑思维与形象思维的统一，两者相互修正、相互补充，在一定条件下可以实现相互转化，即通过逻辑准则来创造形象，而形象源同样可以转化为逻辑准则。设计思维具有过程性和复杂性的特征：

过程性：建筑设计的核心是创造性地解决设计问题，设计主体的思维活动必然体现出不同的创造性。对于创造性思维过程，心理学家一般将其分为初识、准备、酝酿、突破、完善五个阶段。在初识与准备阶段，为解决问题，思维会进行自觉的、有意识的努力；酝酿与突破是创造性思维的核心部分，从有意识的准备到无意识的寻求，突然受到启发而灵感闪现，使得关键问题获得创造性的解决；最后通过成果深化、评价、调整而力求尽量完善。这几个阶段并不是相对独立的，而是循环交融，没有明显的界线。

复杂性：建筑设计是一个复杂的系统，随着现代科技条件下的生活需求日益复杂，创造性地解决设计问题无疑也是复杂的，这要求建筑师以变化的非线性复杂思维来进行设计。复杂思维是困难的，它要求我们按照逻辑与形象、理性与感性、客观与主观等思维方式进行分析与综合。

2）主体思维的影响因素

通过对主体思维结构的构成要素及其层次的简要阐述，形成了影响主体思维的内在因素，同时，影响主体思维的另一大类因素是由主体所处的社会、经济、政治、文化背景形成的，属于外部因素。外部因素与内部因素在设计活动中交织在一起发挥作用，通过主体的设计实践表现出来。

（1）内部因素

思维作为人脑反映客体的一种意识活动，是一种内在的心理行为，建筑师通过内在思维方式处理信息，这种处理信息的过程涉及思维结构各个层次的要素，构成了影响主体思维的内在因素。具体可以归纳为心理意识、哲学观念、设计理论、实践经验和思维技能五类因素。

（2）外部因素

主体设计思维过程中所涉及的各种外部因素，具体可以归纳为社会制度、社会关系、文化类型和思维传统四类。

（3）交织与转化

影响主体设计思维的因素复杂多样，在从主体内部进行分析的同时，不能忽略主体所处的外部环境这个大背景。内在因素的影响是直接的，外部因素的影响是间接的。外部因素的影响只能通过主体的内在因素才能体现出来。要真正理解各种因素对主体设计思维差异性的影响，必须把握两者的关系。内在因素与外部因素是可以相互转化的，如思维传统就是在对众多个体内在因素的总结归纳基础上形成的对整体设计者都起到影响的一种外部因素。

3）设计主体价值取向

广义的设计主体指建筑设计过程中所有的参与者，涉及委托者、承担者、协调者、监督者等多方面背景完全不同的人。狭义的设计主体指直接从事建筑设计的建筑师。主体价值取向就是指狭义和广义设计主体价值观的协同，即建筑师与特定地域建筑设计活动所有参与群体价值观的一致性。

不同的地域具有不同的价值导向、区域意识，即使在同一个地域，其成员所知觉的价值观亦有差异。因此就参与者而言，都有主动知觉与解释建筑系统价值取向的能力和倾向。建筑师和参与群体间的协同有以下三种模式：补偿性协同——有一方提供了另一方所需，相似性协同——双方具有相似的基本特征，交叉性协同——以上两者都具备。

人的主观因素对建筑活动的影响程度是相当高的，因此建筑设计问题不可避免地会涉及所在区域人群的思维和行为独有的特性，比如思维方式、情感等。不同价值观之间的冲突使得设计问题往往会受到许多不确定性因素的影响。不确定性是指个体由于认知和情感因素而对客体的难以准确预测性。那么，当代建筑地域性表达的不确定性即为主体思维，因为认知及情感因素对地域环境因素存在难以准确预测性。

因此，分析设计主体的价值取向，首先要分析把握地域性建筑系统外部因素和内部因素的相互关系；其次要了解各个参与设计者的行为特征，以把握主观要素在设计过程中的协同，即建筑师与特定地域建筑设计活动所有参与群体价值观的一致性。只有这样才能使设计过程中个体行为围绕设计主题性展开。

8.1.1.2　设计主体与地域客观环境要素的协同

设计主体与地域客观环境要素的协同包括与地域自然环境、文化环境、技术手段要素的协同三个方面。

1）与地域自然环境要素的协同

人与系统自然要素的协同，从宏观层面上来说，是人与自然相互作用，是认识自然、适应自然的建筑建造原则，即顺应自然、尊重自然、人与自然和谐共存；从微观层面上，通过根据气候条件、地形特征、地方材料进行设计分析的建筑实践活动，形成"天人合一、自我平衡观念"为代表的，崇尚和谐统一的建筑建造原则。主观因素与地域自然要素的协同性原则具体包括：

（1）因地制宜的原则

建筑为了适应不同地区的气候状况，建筑格局和形式都有相应的变化。

（2）因势利导的原则

建筑与所在环境的配置方式，注意顺应地形和原有环境，不随意破坏大片的平整土地，将建筑、环境、空间融为一体，形成建筑与地形地势的整体和谐状态。

（3）因材致用的原则

例如，古代工匠早已认识到木材具有"横担千，竖担万"的特点；再如，土墙具有良好的防寒、保暖、隔热、隔声和防火的性能，土墙不仅解决了大部分的围护构件用材，而且起到保护和稳定木构架的加固作用。

2）与地域文化环境要素的协同

人与系统文化要素的协同，在宏观层面上，来源于地域传统文化，是改造自然、体现社会性的原则；在微观层面上，社会组织结构、经济形态、思想意识构成文化系统的基本内容。设计主体与地域文化要素的协同性原则体现在以下三方面：

（1）建设法规和规范的制约

社会特定的组织秩序制约着建筑设计活动，建设法规和规范在建筑实践中得到反映。通过社会组织秩序与建筑建造之间的相互作用，形成了具体构筑原则，是建筑社会性的体现，也是人与系统文化要素协同的反映。

（2）社会道德的维系

地域传统的思想意识形态赋予地域建筑以深层的内涵，维系着社会道德观念。社会道德是社会思想意识的集中体现，是制约建筑设计实践的构筑原则，体现建筑的社会性，也是系统文化要素的具体反映。

（3）经济形态的制约

社会的经济形态决定了建筑人本意识的产生，即重视以人为本，一切从人的主体出发，体察人与其他事物的关系，以及人与人的相互关系，使之成为有机统一的整体。将地域建筑的"人本意识"构筑原则作为营造的出发点，是人的社会性在建筑上的体现。

3）与地域技术手段要素的协同

总的看来，技术与艺术之间有一种有趣的二元关系。各种艺术形式接受并应用着技术，它们都背离了技术的理性和实用性。如果建筑物不能将我们的视线直接引向在技术合理性背后人类存在之谜的话，最具创造力的建筑也仅仅是工程上的技巧，除非它创造出对人类在世界中存在的隐喻。[1]回溯历史，可以看到人与技术要素的协同，在宏观层面上，来源于地域传统技术系统，是适应自然、改造自然的建筑原则；在微观层面上，建筑注重功能实用与审美的统一，把握功能空间与形式空间的一致性，形成以"实用理性"[2]为代表的原则：

（1）结构形式的通用性。地域设计主体要根据地域环境的特点，分析建筑内部有序关联的产生，形成结构形式的通用性。

（2）构筑方式的灵活性。建筑的标准化和建筑空间的多功能适应性是建筑构筑方式灵活性的原则。

（3）装饰构造的真实性。装饰上没有无用的、繁杂的、纯粹装饰化的构件，每个构件的规格、形状和位置都取决于结构的需要。

人的主观因素与地域客观环境条件的协同关系，为我们在设计过程中分析和辨识建筑表达的主题提供了原则。

8.1.2 主题辨识的过程

当代建筑地域性表达的主题辨识过程，与建筑设计的阶段过程，即准备阶段、构思阶段、完善阶段相联系，包括主题把握、主题确认和主题强化三个阶段，目的是为了使在复杂的设计过程中，对于地域性设计表达主题的分析趋于条理化和可操作化（图8-1）。

8.1.2.1 主题把握——条件的梳理

建筑设计过程中对条件的梳理和对设计主题的把握，这个阶段是指建筑师接受任务，并对所做的项目有一个总体认识的过程的阶段。在这个阶段里，以建筑师为主的设计主体要对设计任务进行总体上的把握和充分的认识理解，以把握设计主题。这一阶段在整个设计过程中是至关重要的，它是后

1　方海. 尤哈尼·帕拉斯马建筑师——感观性极少主义［M］. 北京：中国建筑工业出版社，2002：180.

2　侯幼彬. 中国建筑美学［M］. 哈尔滨：黑龙江科学技术出版社，1997：306.

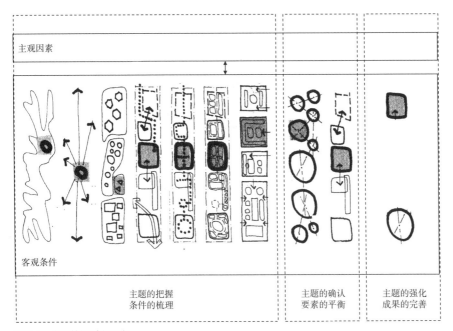

主观因素

客观条件

主题的把握
条件的梳理

主题的确认
要素的平衡

主题的强化
成果的完善

图8-1　主题辨识过程示意

来主题确认和主题强化阶段的基础和前提。这一阶段对设计条件的梳理充分与否，能否把握住设计的主题这一核心，直接关系到以后设计的方向和发展，以及最终的设计成果。

1）条件梳理

在建筑设计过程的准备阶段，设计主体的任务是着眼于理解、消化任务书，调查和研究设计目标的背景资料，了解和掌握各种有关的外部条件和客观情况，做好前期准备。这些资料至少包括：[1]

（1）自然条件。包括气候、地形、地貌、水文、地质、日照、景观等。

（2）城市规划对建筑物的要求。包括用地范围、建筑红线、建筑物高度和密度的控制指标等。

1　张伶伶，李存东. 建筑创作过程的思维与表达［M］. 北京：中国建筑工业出版社，2001：15-29.

（3）城市的市政环境。包括交通、供水、排水、供电、供气、通信等各种条件和情况。

（4）使用者对拟建建筑的要求，特别是对其所应具备的各项使用内容的要求。

（5）拟建建筑的特殊要求。如应满足一些建筑的类型特征等。

（6）工程经济估算依据和所能提供的资金、材料、施工技术和装备等。

（7）拟建建筑所在区域的历史文化特征和人文背景。

（8）可能影响工程的其他因素。

在准备阶段，创作主体要运用各种手段，以各种方式收集大量的相关资料，如勘探场地、与甲方交流、掌握规范条例、借鉴同类已建成建筑、了解政府规划市政要求等，并加以分析和综合，为下一阶段主题的确认做必要的准备。

2）主题把握

在条件梳理过程中，思维特征的理性与感性特点都有所显示，相对而言，更多地表现为理性的一面，以记录性为目的的程序性思维和以归纳、总结为主的逻辑思维为主导，而思维感性的一面则相对表现得较少。这主要是因为在这个阶段，设计主体的目的主要是对所做项目核心的把握，为进一步明确设计目标做基础性的研究。主要通过两个方面：一是积极地去思维，努力拓展资料的广度；二是有意识地综合，归纳出需要深入收集的重点。

（1）积极思维

如果准备工作浅尝辄止或避重就轻，收集到的资料自然不会全面、丰富，也就更谈不上对设计项目总体上的正确认识。而积极地思维则可以保证设计者以极大的热情尽可能多地收集资料，并在各种资料信息的碰撞中引发对项目的设计主题的总体把握。

（2）有意识综合

有积极思维的结果，还需要借助理智的分析、归纳、综合，才能从大量的资料中发现有价值的东西，并从对它有重点的收集与整理中形成自己对项

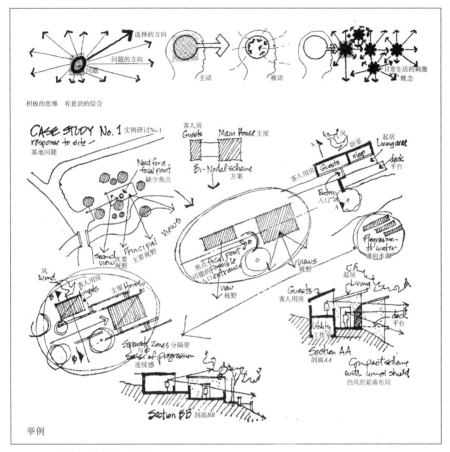

图8-2　积极的思维　有意识综合

目总体上的正确认识，以对主题准确把握（图8-2）。

　　在条件梳理这一阶段，资料的涉及面是非常广泛的，在有限的时间内我们需要抓住重点，有侧重地对资料进行收集。确定需要着重收集的资料，一方面受设计主体思想素质、决策能力等内在因素的影响；另一方面，在准备阶段有意识地对资料进行适时地归纳与综合，也能促进对所需研究的关键点的选择。

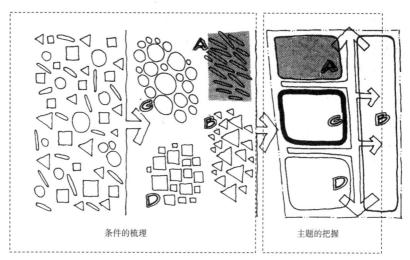

图8-3 条件梳理与主题把握

通过积极思维，收集大量的资料，有意识地对资料进行归纳与综合，确定深化的重点；并在思维过程中，不断增加资料收集的广度和深度，有效地完成对资料的分析与综合，从而形成对项目全面而深入的认识，把握设计主题（图8-3）。

映秀震中纪念地（2009年）是映秀灾后重建项目，所有规划专家、设计师都希望新的规划可以避免和减轻给那些曾经饱受地震灾难的人们带来心理伤痛。重建应该让映秀人民生活在幸福之中，而不是充当守墓人。

设计者通过对设计条件的梳理，确定震中纪念馆的设计以"大地的记忆"为主题，在建筑设计表达上，采用自然、平和、静谧，植根于大地的地景式建筑，把设计主题物化为建筑语言，达成人和自然的和谐（图8-4）。

8.1.2.2 主题确认——要素的平衡

主题的确认是整个主题辨识过程的主要阶段。在这个阶段，设计主题逐渐形成，设计者在把握的设计主题的指引下，在对具体环境所涉及要素进行全面考虑后，形成较明确的设计表达的整体方向。在这个阶段，设计主题从

图8-4　映秀震中纪念地
a.地景景观
b.室内

模糊到逐渐明确，这是一个极其复杂的过程。

1）要素平衡

在这个阶段，建筑师要考虑几乎所有相关的问题，并为它们提出相应的解决办法：

（1）建筑使用的目的及实现途径；

（2）对建筑物的主要内容（包括功能和形式）的大致安排和布局设想；

（3）基地所涉及各个层面的环境关系；

（4）艺术效果，建筑形式的确定；

（5）考虑一些全局性的问题，如结构选型、材料的选择、各种设备系统的选择、工程概算以及主要的技术指标是否合理等。

……

设计者在主题把握阶段，在对设计项目总体认识的基础上，开始进一步对所得信息进行加工、分析，进行设计条件、要素的平衡，逐步对设计主题进行确认，然后再把形成的主题意向纳入不同的联系和关系之中加以综合与完善，如此经过多次反复，直到对设计主题有清晰的确认。

2）主题确认

在建筑设计主题的确认阶段，设计主体的思维活动十分复杂，既要对所表达的主题有总体上的意象，又要解决大量的建筑问题来实现这种意象。在解决问题的过程中，又会发现新的问题，而很多问题的解决又往往是相互矛盾的，要想取得一个相对满意的结果，需要进行大量的思考和分析。所以，主题确认的过程实际上就是一个不断发现问题、解决问题的过程。

（1）发现问题

从主题确认的过程上看，要经过主题的把握和确认两个层次，这两个层次共同构成了一个发现问题的过程。

上一节已论述到，主题的把握就是结合设计项目所涉及的地域条件和项目自身需要解决的问题，提出一种理念或目标。在这一层次，显现出来的主题往往还是一种概念性的，这时还没有形成初步的设计主题意象。设计主题意象的提出虽然是发现问题的第一步，但对设计主题物化有着总体方向上的指引作用。

对设计主题提出大致的方向还远远不够，还需要针对这个方向提出进一步在建筑上的实现手段，也即把这种主题"物化"成某种建筑表达。这是发现问题过程的关键和最终目的。

一般来说，设计主题多是对项目总体上的把握，或对某个问题总体上的概括，但是，这一阶段能否合理地确定主题、恰当地形成建筑意象是整个建筑创作成败的一个关键。

（2）解决问题

解决问题的过程是十分复杂的，它既需要依靠理性的力量又要借助感性的指引。我们可以将设计问题看作是不同层级问题的多重复合，将难以解决的问题分解为相对容易解决的问题，对各层级问题进行解答，然后再对这些层级问题的答案进行综合评价，最终完成整个问题的解决。由此，我们可以将解决问题的过程划分为三个步骤：问题的分解、各层级问题的解决、问题的综合解决。

　　第一，问题的分解。前面提到，发现问题的过程是由主题的把握到主题的确认，这时的建筑意象往往只是对建筑总体上的一种模糊的构想。此时发现的问题往往很难解决，它们多是难以确定的问题或极难的问题，这些问题的解决要受到与建筑相关的各种因素的制约。因此必须将其分解，把它分化为多个层级的问题，以期通过各层级问题的求解来加深或找到对原问题的解答。从这个意义上说，问题的分解阶段是对问题发现过程的延伸。

　　第二，各层级问题的解决。次级问题的解决是解决问题最为重要的阶段。面对已经分解的次级问题，以及由此产生的初步的或局部的建筑意象，这时的任务是把这种建筑意象清晰地、明确地物化。次级问题的解决也可分为三个步骤：首先，收集资料并对已获得的信息进行分类；其次，对部分问题提出系统的"可能答案"，当答案与分析阶段所获得的信息相互印证时，这些"可能答案"则是可行的；再次，运用某些标准尺度去判定哪些可能的答案是最佳方案。

　　第三，问题的综合解决。经过问题的分解和各层级问题的解决两个阶段，很多设计问题已经有了相应的解决策略。多个子目标和局部的建筑意象已经基本成型，但不能简单地将这些次级问题的解答累积起来就得出最终的建筑方案。由于将问题分解为不同层级问题并对不同层级问题进行求解，会使得各层级问题的解决不可能完全考虑到整个问题所涉及的方方面面，也即不可能顾及与其他层级问题的协调。所以，在对各层级问题进行解答之后还必须对问题进行综合解决。

　　我们在解决问题的过程中总是先考虑总体问题，先形成一个总的认识和表达，然后对其进行分析，形成一系列局部的解决方法，再综合形成较完整的总的设计方向和方法。在总的设计问题上是如此，在解决某个层级设计问题时也同样如此。在这个阶段，设计主题逐渐形成，通过对具体环境要素和建筑自身问题的整体考虑，进行设计问题的平衡，形成较明确的设计主题（图8-5）。

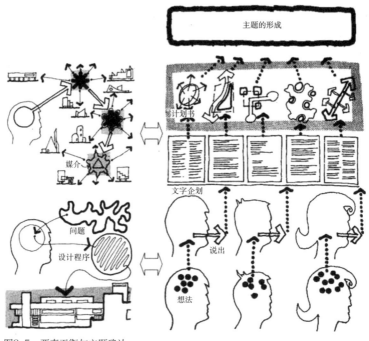

图8-5　要素平衡与主题确认

青海玉树州行政中心设计（2014年）[1]项目是玉树地震灾后重建的十大重点项目之一。玉树州行政中心有两个特质：一是藏文化中的宗山意象，要有一种权力的象征；二是通过藏式院落表达的当代行政建筑需在内涵上亲民。如何平衡这两者的矛盾是确认设计主题的要点。

在前期对设计条件的梳理过程中，建筑师发现藏式建筑院落空间组合多样、变化多端，往往有较为明显的高差变化，追求纵向延伸、依托于整体山势益显气势磅礴，形成院中有院、步移景异、高低变幻、错落有致的空间序列。在藏式建筑内部，廊院依次递接、疏密有致、尺度宜人，个体和环境形成一种默契的对话，巧妙地与自然景观相融合，藏民在这样的院子中一边唱

1　整理自：庄惟敏. 回到设计的全体论［J］. 世界建筑，2015，10：82–88.

图8-6 青海玉树州行政中心
a. 玉树州政府主楼
b. 水院倒映的保留树木和远山

着歌一边干着活，建筑就在这种情绪中营建出来。

　　设计者通过对藏式院落空间的分析研究，建筑处理以院子、柱廊、水院等手法，使建筑整体的调子淡雅质朴，不凸显宗教色彩，整体造型和空间院落表达应对设计主题的上述两方面特质。设计特点含蓄中显力度，亲切又不失威严（图8-6）。

8.1.2.3 主题强化——成果的完善

主题强化是整个主题辨识过程的最后阶段。它是指设计主题基本确定后，对其做的最后调整和修正，以使建筑设计的表达更加清晰。同时，对设计主题进行最终的调整与完善时，对之前的条件梳理、要素平衡仍会有促进作用，主题的强化可以使建筑表达更加清晰和完善。

1）成果完善

主题确认后，还必须经由一个成果完善的过程，只有经过成果完善，才能使设计主题更加清晰。这也是由建筑设计的特殊性，即技术与艺术相结合的要求所决定的。对于成果完善阶段的描述，主要从以下三个方面进行：目标的确定、方法的制定和具体的操作[1]。

（1）目标的确定

成果完善必须有明确的目标。一方面由于建筑创作内容十分宽泛，构思阶段所有想到的问题不可能都表达出来，只能有所侧重，选取其中思考最多的内容或者说最能代表方案特色的部分着重加以完善。另一方面，由于建筑创作具有艺术性的一面，设计主体对意境的追求、对形式美的探索、对内心情感的抒发，也都要借助成果来体现，因而表达某种氛围或某种建筑观念也应是成果完善的重点。

（2）方法的制定

目标确定后，进一步的工作是要针对目标，制定能够充分完善设计意图的方法。因为设计的思想需要表现手段来实现，而特殊的思想则需要独特的表现方法来体现。富于创造性的表达方法，在图示语言、模型语言、计算机语言等各种方式中都有所体现，它们清晰地表达了建筑的逻辑结构关系，表达了创作者所追求的重点。

（3）具体的操作

运用所制定的方法达到特定的目标，是具体操作的关键。一个优秀的设

1　整理自：张伶伶. 建筑创作的思维与表达［D］. 哈尔滨建筑大学，2000：58.

计成果，一方面要靠正确地确定完善目标，恰当地制定方法和对具体过程的正确操作；另一方面还要在很大程度上受设计者内在因素的影响，如思想观念、理论素质、艺术修养和创作风格等。

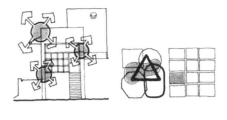

2）主题强化

主题的强化意味着尽可能地将建筑形式的主要信息表达出来。主题强化的程度是由其表达清晰性和一致性来评价的（图8-7）。

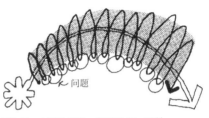

图8-7　主题的强化：清晰性和一致性

（1）主题表达的清晰性

主题表达的清晰性就是表达的内容和形式及其之间关系明确。成果完善是构思阶段的延续和收尾。面对构思阶段经过多次分析与综合而形成的比较完整的建筑形象，这个阶段的任务是通过对各种设计问题的解决，使它变得更细致、更完整、更明确，从而具有结果性和可表达性。经过了成果完善，建筑形象就被明确下来，因而这个阶段需要将所有层级问题的解答都综合起来，集结为一个完整的建筑形象。这里的综合不只是将各种设计问题的解答加以整合，还要将这种设计问题的解答与构思阶段所有悬而未决的问题一并加以考虑，全面地综合各种信息，完成最后明确统一的建筑方案。

（2）主题表达的一致性

主题表达的一致性包括辨识过程的一致性和目标方向的一致性。一方面，主题把握、主题确认和主题强化三者在辨识过程中是相符合的。主题的把握是根据设计原则，针对项目的具体条件来进行把握的，主题的确认则围绕主题把握的方向来进行进一步确认和修正，而主题的强化则是对设计主题的进一步完善。三者在辨识过程中相联系、相统一。辨识过程中不同阶段的目标方向，以及辨识过程中的总体目标方向也表现出一致性的关系。

8.1.2.4 主题转化

主题转化是指在主题辨识过程中，为了动态适应外部因素和内部因素特征的变化，主题有时会偏移或从原有主题转变到新主题的过程，简称主题转化。主题辨识过程中的这种动态性，使得设计主题不断地趋近客观和主观一致性的和谐状态。这里，转化可以理解为扩展或重组。

设计过程中，对设计条件、设计要素的梳理和平衡不是静止不变的，随着设计过程的推进，就会产生新认识，从而产生对原有设计主题把握和确认的扩展或重组。因而，设计主题要根据与环境条件认知的变化而调整方向，从而确定设计的主题。

8.2 主题性设计表达

主题性是当代地域性建筑设计表达的特色和途径。主题性设计表达具有层次性，各个层次中系统构成的内容表现为多样性。主题性设计表达可划分为三个层次：形式层面、结构层面和意义层面。

8.2.1 形式层面表达

形式层面是地域性建筑系统的外在表达。主题的形式层面的表达是建筑设计与地域特质相联系的整体形态特征的表达。以下主要从自然地理特征的表达、社会人文特征的表达、地域技术特点的表达三个方面加以讨论。需要说明的是，这一节与第六章系统要素的关联的内容是不同的。本小节侧重于对地域客观环境特征的表达途径和方法，而第六章当代地域性建筑系统要素的关联，反映的是地域建筑自身特征和规律的一般设计表达。

8.2.1.1 自然地理特征的表达

自然地理特征的表达表现为遵循地域的气候条件、顺应地域的地形地貌特点、运用地域的适宜的地方材料等。

安藤忠雄设计的直岛当代美术馆及加建工程（1995年）位于日本香川县。

直岛是一座日本内海中的小岛。建筑选址在岛南端一处狭长海岬的山崖上，可以俯瞰下面的海滩和平静的海面。因为有一个景色宜人的国家公园围绕着建筑，为了不破坏周围的景致，博物馆的大部分体量均在地下。一条蜿蜒的道路环绕着博物馆建筑群，路中偶尔会看到广场，在这些地方也可看到海景。与其他博物馆的户外雕塑作品不同，这个建筑巧妙地融入了自然，像一件大地艺术品一样，创造出了新的景观。

与原美术馆一样，为了不破坏周围环境，建筑埋入山体中，内部有一个花园。建筑平面的椭圆形长轴为40m，短轴为30m。建筑中心是一个椭圆形的水庭，长轴20m，短轴10m。通过水的表面张力和空间效应，这个水庭简直就变成立体的水的雕塑。水庭被柱廊环绕着，同时柱廊又可以用作半户外的艺术展。一堵"L"形墙围绕着椭圆形空间，所用石料与通往主体建筑的道路铺装材料相同。一个小瀑布装饰着入口，一个绿色的庭院设置在椭圆围墙和矩形墙之间。瀑布的水看起来仿佛直接流入了大海。花园是周围绿色植物背景的延伸，而周围的绿色植物又好像是建筑的屋顶花园，它面向大海敞开了怀抱。

美术馆加建的两部分均采用调整基面的方法来达到对特定场所氛围的塑造，使得建筑和花园面向大海，并形成建筑的屋顶花园，在自然环境氛围中展现自然全新的风采，它巧妙融入自然，顺应地形环境，创造出了新景观（图8-8）。

图8-8　直岛当代美术馆及加建工程
a. 鸟瞰
b. 庭院

图8-9　纳尔逊艺术中心

　　安东尼·普雷多克设计的纳尔逊艺术中心（Nelson Fine Arts Center，
Arizona 1985~1989），从受山脉地形影响而形成的索诺拉沙漠景观中获得灵
感，设计师在设计中充分运用这种随太阳光强弱与角度而产生变化的体量感
与色调，用以诠释西班牙传统中太阳与光影的概念，引发沙漠历史痕迹与地
形上的联想，塑造地域场所精神（图8-9）。

8.2.1.2　社会文化特征的表达

　　地域的自然地理特征涉及的气候、地形地貌、地方材料等多是具体的东
西，而从社会文化方面把握建筑设计的地域性，则涉及传统、艺术、社会心
理等范畴。社会文化特征的表达主要体现为传统文化的现代建筑表现和地域
整体文化现代建筑表现两个方面。

　　费孝通江村纪念馆（2010年）位于费孝通先生社会学调查的起点——开
弦弓村。建筑由费孝通纪念馆、费达生纪念馆以及江村历史文化馆组成。建

筑选址位于村落边缘的一处废弃用地，周边环境混杂。

设计者认识到随着村落周边交通条件的改善，这块废弃用地存在着转化为新的村口空间的可能，所以设计策略定位于通过纪念馆营造村落公共中心。设计充分研究了场地特点，基地北侧的香樟树成为决定建筑布局的最关键因素。这几株香樟树是村落的重要景观标识节点，也是连接村内跨河桥梁的枢纽，于是建筑化整为零，让出中间视廊的布局形成。建筑群体沿基地周边布置，空出了中心场地。建筑没有与周边的农贸市场、村委会和小学校隔离，而是适度连通，使得纪念馆坐落在必经之路上，真正成为村落的公共场所。建筑类型以堂、廊、亭、弄、院等元素回应了江南园林特点，并通过形体扭转与精确的对景处理给分散的建筑群体增强了视觉张力，丰富了行进中的空间体验。考虑到乡村建造的实际情况，尽量减少施工工序，降低工程造价，将室内设计与建筑结构设计一次性完成，创造出内外完整连贯的空间意象。

该设计表现出尊重传统村落环境的基本态度，设计对传统文化和地域整体文化的当代表现做出了积极探索（图8-10）。

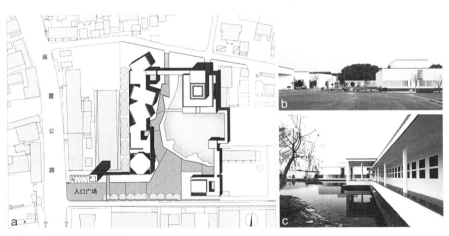

图8-10 费孝通江村纪念馆
a.总平面
b.外观
c.庭院

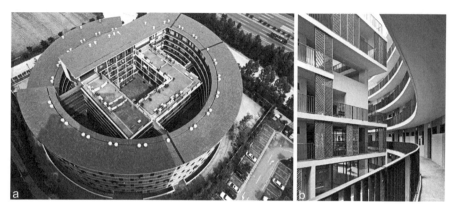

图8-11　土楼公社
a.鸟瞰
b.内景

　　土楼公社（2008年）是都市实践基于对传统土楼和中国城市化进程中社会动态的深入调研设计的，土楼集合住宅可以看作是对低收入者住宅得以转变以适应当代居住环境的一次独特尝试，体现了对地域传统文化的理解和把握（图8-11）。

　　客家土楼民居是一种独有的建筑形式，它介于城市和乡村之间，以集合住宅的方式将居住、贮藏、商店、集市、祭祀、娱乐等功能集中于一个建筑中，具有巨大的凝聚力。将传统客家土楼的居住文化与低收入群住宅结合在一起不仅是研究课题，更标志着低收入人群的居住状况开始进入大众的视野，这项研究的特点是分析角度的全面性和从理论到实践的延续性。它不只是形式上的借鉴，更重要的是通过对土楼社区空间再创造，以适应当代社会的生活意识和节奏。

　　设计者对土楼原型进行尺度、空间模式、功能等方面的演绎，然后加入经济、自然等多种城市环境要素，在多种要素的碰撞当中寻找各种可能的平衡。传统土楼将房间沿周边均匀布局，和现代宿舍建筑类似，但较现代板式宿舍更具亲和力，有助于社区中的人们增近邻里感。都市实践秉承了这一传统优点，并在内部空间布局上添增了新内容。

　　这座现代土楼的环形和方形体块里都包含小的公寓单元，体块之间的空间安排交通或供社区使用，底层有商店和其他社区服务设施。所有的房屋都租金较低，并且不向有车人士出租，以增加社区的同质性，居民中有许多是农民工。这种配套齐全的圆形建筑和周围典型的拔地而起的高楼大厦形成了鲜明的对比。整体结构外包混凝土，木质阳台镶嵌其中，为每户提供了辅助性的生活空间。每户室内面积不大但带有独立厨房和浴室，每层楼都有公共活动空间。社区的食堂、商店、旅店、图书室和篮球场为民众提供了便捷的服务。

8.2.1.3　地域技术特点的表达

　　地域技术表现为低技术、轻型技术和高技术多元共存。

　　肯迪医院扩建部分是一个富有创造性的工程（图8-12），设计的主要思想包括开发一种"低成本"的建造技术，它要经济而且对人民切实可行，同时要使用当地材料和工艺。该设计作品丰富了砖拱和穹顶建筑的词汇，这些建筑不使用木材或者钢筋混凝土。通过两年来对当地材料、建筑形式和技术的实验，建筑师创造了带肋结构、尖顶和新的形式来满足建筑不同部分的要求。对这类建筑来说，圆环、卵形和其他的形状都是前所未有的，它是在对

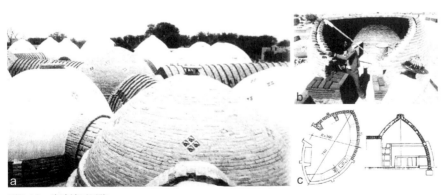

图8-12　肯迪地区医院
a.外观
b.施工过程
c.平面和剖面

传统技术掌握的基础上，对建筑形式的发展。在肯迪这种经济落后地区的一座公共建筑中介绍改进的建造技术、形式和空间的概念是非常有意义的。

建筑有机的平面中伸展的花瓣不仅漂亮，而且符合功能需要，自然分出不同的监护区域，减少了传染的危险。为了确保无菌状态，手术室是建筑中唯一全封闭、有空调的部分，其他部分依靠自然通风为病人家属提供阴凉区域，这显示了建筑师对于气候和社会习俗的敏感。

通过在当地的实验，ADAUA的建筑师发展了一种可以充分利用砖的结构语汇。建筑师做了很多穹顶和拱顶的实验来研究它们对建筑的潜力。这一结构系统包括多种形式。在一个圆形平面建造时不需要模板的尖顶拱（单穹顶）；复合穹顶（有多个半径）包括卵圆形或者泪滴形空间，它们是由传统的半穹顶上的两个片断组合而成；豆荚形空间是由不完全穹顶上的两个片断组合而成。纤细的自我稳定的尖拱反复循环拼接在一起，以多样的组合方式覆盖在走廊上。

所有的砖都是采用当地的泥土在附近的砖窑烧制的。40名烧砖工人为这个项目手工烧制了250万块砖。在一些地方，例如手术室和消毒室，由于需要满足特殊的卫生要求，使用了当地烧制的石灰粉刷内部。其他有人居住的空间采用水泥石青粉刷，以改善热工性能，但是交通空间的砖没有粉刷覆盖。地面采用水泥块拼花图案。所有的劳动力都是在当地培训的以让他们掌握那些经过改进的技术。

建筑的另一大特点是对建造方式也有专门的设计。参与开发这些建造方式的专家既有非洲本地人也有移居海外的，建筑师、工程帅和其他顾问来自于毛里塔尼亚、塞内加尔、意大利、法国、西班牙和瑞士等各地。建造过程中仅仅使用非常简易的工具，就能达到对各种弧形墙面及穹顶的精度要求。

最终该建筑所有的效果都非常令人难忘，它与那些模仿晚期哈桑·法赛（Hassan Fathy）著名的拱和穹顶的建筑大相径庭。这不是一个复制品，而是一个杰出的原创，是对砖结构建筑艺术永久的贡献。不仅如此，更重要的是，它在拓展了当地建筑材料的表现潜力的同时，还让大众再次记起了它们曾经优秀的本土文化。

刘家琨在四川省郫县设计的鹿野苑石刻艺术博物馆（2001~2002年，图8-13），这个作品体现了建筑师对传统技术的探索。在鹿野苑石刻艺术博物馆这个作品中，刘家琨希望在石刻的主题下用清水混凝土表现建筑中"人造石"的主题，但问题是如何让毫无经验的农民来现浇清水混凝土？为此，他采用了"框架结构、清水混凝土和页岩砖组合墙"。实际上，这是两种制作工艺——浇筑和砌筑——结合而产生的新的施工方法。这一特殊的混成工艺——采用双层墙体，里层先砌120mm厚的页岩砖，外层后浇120mm厚的混凝土。刘家琨在《此时此地》中介绍了组合墙有四个好处："一、先砌组合墙内侧的砖墙，农民可以砌得很直，以此砖墙为内模然后在其外侧浇混凝土就易于保证垂直度；二、组合墙内侧采用砖墙并抹灰，在国内事前策划不周密、事后改动随机性大的情况下，有利于主体完成后管线布置的变动；三、由于混凝土的"冷桥"效应，这种组合墙体在热工性能上也比单纯的混凝土墙体要好；四、组合墙在造价上也比全混凝土墙便宜。"[1] 整个主体部分清水混凝土外壁采用凸凹窄条模板，一是为了形成明确的肌理，增加外墙的质感和可读性；同时，粗犷而较细小的分格可以掩饰由于浇筑工艺生疏而可能带来的瑕疵，也利于分区修补主体之外的局部墙段。

图8-13 鹿野苑石刻艺术博物馆
a. 中庭
b. 实验墙

建筑师刘家琨从实际出发，以低造价和低技术手段营造高度的艺术品质，在经济条件、技术水准和建筑艺术之间寻求一个平衡点，由此探寻一种适用于经济落后但文明深厚的地区的建筑策略。

1　刘家琨. 此时此地. 北京：中国建筑工业出版社，2002：111.

8.2.2 结构层面表达

结构层面是地域性建筑系统内部诸要素联系起来的整体关系层面。主题的结构层面是地域性建筑系统结构相互关联的主导层面。对主题结构层面表达的研究有利于从整体结构层次上，对地域性建筑有更加清晰的、完整的理解，从而实现当代建筑设计地域性表达的完整性。以下主要从生态思想的探索、多元文化的营造、适宜技术的应用三个方面加以讨论。

8.2.2.1 生态思想的探索

生态思想就是要为人们提供健康、舒适、安全的居住、工作和活动空间，同时高效率地利用资源，节能、节地、节水、节材，构筑最低限度影响环境的建筑物。其主题就是减少对地球资源与环境的负荷和影响，创造健康和舒适的生活环境，与周围自然环境相融合。具体概括为保护整体生态环境、改善周围区域环境、营造健康的室内环境三个层次。

非洲西部阿克拉加纳的乔·阿多住宅是一个纯粹的、典型的非洲建筑。对于那些看到过它的人来说，其独特之处在于它的设计风格和对材料的选择。作为非洲人，在试图定义非洲建筑应当向什么方向探究时，乔·阿多住宅提供了一个印象。在艺术和手工艺的处理方面，这个住所创造了一个令观赏者震惊的视觉效果。这栋建筑以它不同于欧洲和其他大陆的材料和空间适应非洲人的真正需要。

乔·阿多住宅在材料上，避免使用大量的玻璃和混凝土这些比较昂贵的材料进行施工，而是使用泥土、竹子、木材等容易得到的材料来实施在家乡的设计。经过认真的研究，成功地将本土材料融入当地普通居民日常活动所需求的空间。其中引人注目的地方是使用木板作材料的迎客墙；大部分的材料是精制的自然材料；泥浆是处理过并有黏性的，木材是干燥的成品。

在建造上，泥用于消除空调设备的影响，悬浮地板和长露台使新鲜空气在室内外持续流动成为可能，这是实现经济适用住房的一种方式。该设计是简单直接的，并塑造了良好的经济的空间。在这个经济适用房中，人们能够看到这样的景象。它利用当地生产的大水桶作为储水罐，宽大的屋顶能够汇集大量雨水，并通过屋顶排水沟进入这些水罐。这些水用于家务劳动，如冲厕所、洗衣、给草木浇水、洗车等，从而减少费用。

在生态意识上，设计中使用了更多树木、绿草、鲜花等，软环境得以美化，建筑物与其周边环境显得友好。在设计中，人们可以清晰地看到绿色建筑的元素。

建筑师乔·阿多的设计和文章的重点主要是关于"以创新本土的做法来解决传统建筑问题"，强调对于非洲的发展应采用创新和本土的方法。在设计中侧重于使用新的轻质高强材料和先进的建筑技术以降低建筑成本，如他的自宅使用木框架墙及屋盖和非承重土砖，与同样的混凝土结构相比降低了约50%的建造费用（图8-14）。

在非洲建筑会议上，他呼吁人们面向未来，考虑当地材料、社会结构和气候条件，致力于推动用生态思想可持续地发展建筑，并通过他近期的一些作品突出地表达了这一理念。

杨经文设计的马来西亚槟榔屿的MBF大厦（1990~1993年）是对热带高层

图8-14　非洲西部阿克拉加纳的乔·阿多住宅
a.立面
b.庭院

图8-15 MBF大厦
a.侧面仰视
b.南立面

建筑设计理念的一个发展，它的上部楼层带有多个跨越两层的大尺度"空中庭园"，这是建筑能够提供良好的自然通风、绿化植被与露天平台空间的关键因素。

　　场地东邻大海，位于槟榔屿的东北部。美丽的风景和葱郁的热带环境赋予建筑以独特形式——局部的"阶梯退台式楼层"和切片状开放的平面形式，前者给大型居住平台提供观景视野，而后者则实现了空气对流。电梯间拥有自然通风，阶梯状的绿色植被被布置在建筑的主立面上（图8-15）。

　　8.2.2.2　多元文化的营造

　　舒尔茨认为，"场所"不是抽象的地点，它是由具体自然环境和人造环境组成的有意义的整体，事物的集合决定了"环境特征"，这个整体反映了在一特定地段中人们的生活方式和其自身的环境特征。人们通过建立与周围环境的联系，场所帮助人们获得了得以存在的"定居"。场所是人们生活发生的空间，是人们居所的表达，它具有一定的组织、特征、氛围，它向我们展示了有意义的生活世界。任何场所都有其自身的灵魂，也就是"场所精神"。阿尔瓦罗·西扎认为，场所之所以成为场所，在于它是人们活动的场所,而建筑之所以成为建筑，在于它提供人们活动的空间。

宁波帮博物馆（2009年）是一个有着浓厚人文色彩的主题博物馆，它展示、叙述的主题是宁波帮这个特殊人群的传奇历史以及宁波城市的人文地理特色（图8-16）。如何通过建筑的本体内容对展览主题展开一系列的叙事，成为在设计中始终关注的议题。

宁波帮是一个独特的商帮，集杰出的商道才智和深厚的家国情怀于一体，宁波帮博物馆所展示和叙述的主题是宁波帮这个特殊人群的传奇历史以及宁波的人文地理特色。地域文化如何融入现代建筑始终是设计的重点。

"帮"——结构化的群体形象。对应"宁波帮"主题的群体特征，博物馆设计将"帮"转译为结构化、整体性的建筑群体，致力于达到建筑群像的标

图8-16　宁波帮博物馆
a.外观
b.总平面

志性。博物馆主体与会馆通过结构化的网格肌理发展生成，在建筑主轴的统领下，总体布局由简练的几何形体围合，形成层叠错落的庭院式空间，营造出人文凝聚、守望相助的群像情景。

"水"——塑造江海文化场景。"三江汇流出海"是宁波标志性的地理景观，设计结合基地四面贯通水系的有利条件，使"水"成为环境设计的主角。在东、南主立面，建筑基座从一片浅水中升起，烘托出浓厚的人文氛围。入口处的"三江汇流"构思独特，暗示宁波帮的发源地与性格中的"江海"特质。"水街长庭"两边是公共廊道，"一河两岸"的空间格局借鉴了江南水乡的典型街道，建筑西面是面向城市公众开放的休闲水景广场。

"时光甬道"——叠合城市轴线。"时光甬道"从北向南贯穿整个建筑群的玻璃廊道，作为建筑群的主轴，既与城市轴线叠合，又是参观流线的组织者。自北端开始，江海堂与"三江汇流"、一系列具有传统意蕴的竹院展厅以及南端的聚贤堂，分别展示了宁波帮的发源、发展过程、成就，以及未来继续辉煌的前景等。建筑主轴与城市轴线的叠合，使建筑在城市关系、主题精神层面得到有力的呼应。

"重器"——提炼宗家祠堂的场所精神。宁波帮博物馆承载着精神家园的情感需求，成为当代宁波帮的宗家祠堂。设计中设置了三个重要场景，在建筑群体空间形象中，强化了传统意义上的礼仪性。江海堂、聚贤堂、百年堂是轴线上的三个节点。门厅江海堂为人们展开"三江汇流"烘托戏台的场景，是参观流线的开端。聚贤堂位于"时光甬道"的南端，是参观流线的高潮。百年堂是两馆举办重要纪念活动的场所，是连接两馆功能流线的节点。三个节点部位的重点处理，增加了节奏感与丰富性，获得了蕴含宗家祠堂意味的纪念性场景。

"院落"——情景化的院落场景。设计中建立了具有不同尺度等级的庭院空间系统，建筑空间与庭院空间相互交融，并与参观流线紧密结合，为参观者提供了空间参照与情景启发。结构化的空间适合于布展，情景化的空间本身也在叙事。情景化的空间、层叠相错的庭院引起人们情感上的共鸣。

通过将上述设计构思意象作为线索进行分析和综合，最终产生一个兼具文化性、地域性、时代性的，具有人文精神的博物馆新建筑。

霍尔的赫尔辛基当代艺术博物馆设计（1998年），使用了链合空间和虚空间两个概念，再现了地域的场所精神，霍尔也因此成为第一位获得阿尔瓦·阿尔托奖（1998年）的美国建筑师。霍尔曾这样概括自己的作品："一种集合的精神，一种独立思考的感觉，一种对细节的持续不断的准备和调整，以及一种整体的连贯性。"[1]博物馆位于赫尔辛基市中心，东边是沙里宁设计的赫尔辛基火车站，西边是芬兰国会大厦，北面是阿尔托设计的芬兰大厦，南面是市中心繁华的商业街。设计主题"卡斯玛"（Kiasma）的含义之一就是"交错搭接"，它包括城市和景观的几何形态与建筑质量的纠缠，并且各自都在建筑形态中得到反映。博物馆正面为矩形，与赫尔辛基的棋盘式城市布局相吻合，背面的弧形金属壳体与图罗湾公园的海岸线及列车场相协调，霍尔将这两种几何类型融为一体，交会于入口大厅。展厅为半长方形，并含有弧面墙，霍尔通过这种不规则的空间形态来凸显每个展厅及每位艺术家作品的个性，并使人们感受到多种空间体验。博物馆中部的环形坡道把一系列走廊连接在一起，同时楼梯与电梯提供了另外的路线，以供人们选择。室内空间与光线的交织转换使建筑能顾及不同层面的自然采光，由此形成的不规则空间与具有雕塑感的曲面造型相吻合，表现出一种全新的视觉冲击力，再现了地域的场所精神（图8-17）。

8.2.2.3　适宜技术的应用

适宜技术强调采用地域的技术和适宜的现代技术。地域的技术的产生、发展除了与其特定的历史背景有关外，主要由地域的自然条件决定，如地域的气候、地质地貌、资源等。多年的技术积累使建筑适应了地域的多种要求，当地域的建筑技术不能满足当代建筑的需要时，就需要采用适宜的现代技术。

1　梁雪，赵春梅. 斯蒂文·霍尔的建筑观及其作品分析［J］. 新建筑，2006,1：105.

图8-17　芬兰赫尔辛基当代艺术博物馆
a.鸟瞰
b.外观

　　适宜技术有两层含意：一方面反映了地域的特有技术水平，另一方面也反映了时代的科技进步。适宜技术包括了多种技术，基于技术的选择基础，强调了技术的可行性、经济性、生态性等多方面的适宜。要采取一种整体的辩证思维，对技术的选择进行综合的评价，相对地选择符合地域的建筑技术。适宜技术的思路不是一种修补性的折中态度，也不是各个层次技术的简单叠加，而在于适时适地的合理选择，以达到最好的综合效果。技术是实现建筑的手段，而不是最终的目的，最终的目的还是要创造属于人们的场所。

　　哈桑·法赛的土坯建筑是采用适宜技术的典型实例。哈桑·法赛是20世纪埃及最具国际影响力的建筑师，因其人文主义思想和对解决发展中国家人民住宅问题所作出的贡献，他被国际建筑师协会（UIA）授予1983年的金质奖章。评奖团说："他生活和工作在人口迅速增长以及技术空前发展的时代。他发现了在推广新技术中出现的问题：即新技术尚未掌握又失去了传统技术，结果虽然在大量建造房屋，但许多人的住房问题仍得不到解决。"

　　他在40岁时获得了一个巴迪姆农场综合体设计委托。由于正值"二战"，市场上根本没有水泥、钢材，甚至连木材都很少。法赛选择了唯一现实可用的廉价材料——泥土，并采用了埃及农村传统的土坯建造技术。法赛认识到了西方技术及其背后的思想体系的异己性，因而热衷于基于本土经验之上进行适宜技术的探索。他认为，人们不可能"以普通的技术将世界统一于一个普遍的生活模式"。对于适宜性，他的衡量尺度是综合客观的，包括经济的合理性及能耗、材料与空间、体量的协调等。在巴迪姆农场综合体中，由于没有材料做模板，建造土质的拱和穹隆遇到了困难。法赛把埃及南部以叠涩取代模板的民间穹隆技术移植过来，并特意从南方带回两名工匠，传授他们的技术。此外，他还把上埃及的石造技术移植到下埃及三角洲的土坯建筑中，这体现出哈桑·法赛在适宜技术方面具有灵活性。

　　哈桑·法赛对于本土技术的追求不仅表现在结构和材料上，而且也反映在建造的过程中。在他最重要的作品新高纳村的建设过程中，他设计了一个"户主—工匠"系统，即在建筑师的指导和训练下，户主参与建筑设计和施工过程，建筑师提供适于当地环境的结构系统和体现本土文化的建筑形式，在系统的组织下，户主进行自助性建设。在新巴里斯村的建造中，法赛将这一"户主—工匠"系统发展得更为完善（图8-18）。他设想以20户为一个邻里单位，施工过程中组成一个包括24个年轻人和4名工匠在内的小组，完成自己这个单位的施工。在每一个小组中，另有几十个男孩作为帮手，他们被训练成未来的工匠。可惜的是，由于1967年的埃以战争，新巴里斯村只完成了部分

图8-18　土坯建筑
a.新高纳村
b.新巴里斯村

工作。然而这种在本土性建筑技术基础上由乡民自助建设的过程，却实现了以低廉的经济代价换取真正的人性关怀。建设自己家园的户主发挥出热情、智慧和创造力，使新高纳村具有持续旺盛的生机。在以后的40年中，其合理的空间布局和等级划分一直得到了有效的延续。哈桑·法赛的建筑以其朴素、清新的本土特性和对使用者尤其是穷人的关怀赢得了世界的尊重。1983年，国际建协（UIA）在授予他金质奖章时称法赛的建筑实践"在东方与西方、高技术与低技术、贫与富、质朴与精巧、城市与乡村、过去与现在之间架起了非凡的桥梁"。

林芝南迦巴瓦接待站（2008年，图8-19）是"标准营造"在西藏建成的一个房子。接待站位于藏东南林芝地区米林县境内一个名叫派镇的小集镇，小镇海拔约2900m，东面是海拔7782m的南迦巴瓦雪山和加拉白垒雪山，北面紧邻雅鲁藏布江，南面是多雄拉雪山，镇的主街正对着由多雄拉雪山延伸下来的高坡。这里不但是雅鲁藏布大峡谷的入口，也是重要的宗教转经线——"转加拉"的起点，还是墨脱徒步旅行的出发点。

设计者对在西藏做建筑进行了深入的思考，如应该用怎样的态度来对待西藏文化？如何对待本地原有的、带有强烈色彩和装饰性的建筑传统？新建筑与周边原有建筑会形成怎样的关系？如何处理建筑与基地、建筑与大范围地形及自然景观的关系？建造过程如何考虑当地工匠、当地技术的参与？在恶劣的气候和有限的资金条件下，哪些材料和建造方式是可行的，而哪些是

图8-19　林芝南迦巴瓦接待站
a.外观
b.墙面
c.室内

不现实的?

接待站随行就势，由几个高低不一、厚薄不同的石头墙体从山坡不同高度随意地生长出来而构成，墙体内部是相应的功能空间。建筑的结构体系是传统砌筑石墙和混凝土混合结构，墙体从60cm、80cm到1m厚不等，全部由当地石材砌筑而成。石头墙是自承重的，墙内附设构造柱、圈梁和门窗过梁，起到增强石墙整体性的抗震作用，同时用来支撑混凝土现浇的屋顶。砌筑石墙的藏族工匠主要来自日喀则，他们在石墙的砌筑上有很特别的习惯和方法。

建筑和场地与山体之间有一些挡土墙，这些挡土墙顺着山坡延伸出来，自然围成了接待站前面的缓坡停车场，而接待站面向公路的挡土墙和一系列台阶是设计者与工匠们在现场边施工边设计出来的。

建筑的门窗和室内没有使用任何常见的"西藏形式"的装饰，但可以感受到特殊的本地气质，这种气质是本地的材料通过真实而朴素的建造过程自然形成的，而不是"乔装改扮"的结果。

适宜建筑技术，是基于建筑技术可选择的基础之上，强调技术的可行性、经济性、适应性、适用性。同时，适宜建筑技术隐含着"此地"的地方技术，如对生土技术、传统技术等的运用；也体现出"此时"的时代特点，如对现代技术、数字技术等的适度吸收。它将当代的先进技术有选择地与地域条件的特殊性相结合，同时提倡改进和完善现有技术，充分发掘传统技术的潜力，体现出了建筑技术的本质。

8.2.3　意义层面表达

主题性的意义层面的表达可以理解为地域性建筑的价值观念，对主题性意义层面表达的研究有利于从更高层次上对地域性建筑有更加完整的认识和理解。以下主要从地域特色的内在追求、地域内涵的深层挖掘两个方面加以讨论。需要说明的是，这一节主题性意义层面表达与第六章当代地域性建筑内在的延续性表达的侧重点不同，主要突出了不同地域的核心特质的表达，而内在的延续性表达讨论的是地域性建筑内在特征的一般设计表达。

8.2.3.1　地域特色的内在追求

地域特色的内在追求，是以冷静、理智的态度关注建筑与所在地区的地域性关联，不仅自觉寻求与地域的自然环境、建筑环境的形式层面的结合，更注重与地域文化传统的特殊性及技术和艺术上的地方智慧的内在结合。

约翰·波特曼认为，"建筑设计其实就是对一个独特的自然和文化特征——也就是某一地域文化本质的反映，建筑的发展要以继承与延续特定的历史文脉为前提。人类的历史进程给我们提供了线索，建筑的历史能够告诉我们那个时代的生活、社会以及人们对空间和形式的反应。历史成为人们深刻了解事物的一种手段，而不是一种对形式的简单模仿。成功的建筑应该很强烈地反映出它存在的目的，应该折射出当时的文化。"[1]

华南理工大学人文馆设计表现出对岭南地域建筑内涵的发掘。设计延续以院落为中心的空间格局，保留人们心中"庭院深深"，"绿树成荫"的美好记忆，创造空灵通透、典雅端庄的新岭南建筑。设计采用了"少一些、空一些、透一些、低一些"的设计思想，以实现这一特殊场所中人、自然与建筑的共生。人文馆在适应亚热带气候和环境、体现现代岭南建筑特色等方面有新的创造，被建筑界认为是岭南新建筑的代表作品（图8-20）。

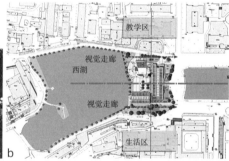

图8-20　华南理工大学人文馆
a. 外观
b. 总平面

1　石铁矛，李志明. 约翰·波特曼［M］. 北京：中国建筑工业出版社，2003：15.

墨西哥建筑师里卡多·利哥雷塔（Ricardo Legorreta）设计建成的当代美术馆（Contemporary Art Museum，1988~1991年）位于墨西哥蒙特雷市内马可广场（Macroplaza），教堂的侧面是地方政府的旧址。这个设计具体化了利哥雷塔对传统西班牙农庄风格的诠释与了解。这种农庄风格通常以拱廊围绕在一个中央的庭院四周，四周的房间可透过这一圈回廊直接面对庭院并通往中庭。这种农庄风格的做法常常为利哥雷塔所借用，继而创造出一些几乎没有开口的封闭墙面，将私密的内部领域包围在里面，使建筑具有体量感。在主体量上挖出的缺口作为建筑的入口。抽象的鸽子雕塑在入口处的前方将大门的意象点了出来，入口雕塑的做法延续了20世纪墨西哥当代艺术与建筑紧密结合的传统。

在入口中庭的一端，以三支粗大的蓝色柱子撑起来的门廊是通往前厅的门户，这个挑高的大厅连接演讲厅、咖啡厅、出版物销售部以及中央的内院。以陶红色装饰的外墙，延伸进入外墙室内侧的前厅，将前厅其他的白色墙面染成泛红的调子。一道钢板材质的屏障将前厅与中央的内院分隔开来，这个以薄片钢板组合而成的方格子墙与其他实体的朴素的墙面形成对比。透过这道格子状的透空墙面，中庭一览无遗。但也由于这些具有深度的钢板框，视线被魔术般地分割成一块块的抽象画面。

安静的中庭是靠三边的廊道围塑出来的，整个中庭借由声音的回响，并与位于楼板中央的浅水池配合而生动了起来。透过光线在水面上的反射，中庭沉浸在柔和的氛围之中。画廊就排列在中庭周围的三面廊道上，均匀的顶部光线被应用在各式空间与高度的展示间，这些展出的艺术品获得了最佳的光线。精心安排的窗户与屋顶光线，使参观者能够与这些元素以及都市环境不断地保持接触（图8-21）。

这个设计作品运用了地域建筑传统的做法和环境处理的方式，并加入了利哥雷塔个人的一些设计手法，具体化了对传统西班牙农庄风格的诠释与解读。

艾德瓦尔多·苏托·德·莫拉（Eduardo Souto de Moura）设计的里斯本博物馆（2008年）抽象简约，他对当地建筑材料和建筑技术有所偏好，将现代

图8-21 当代美术馆
a.外观
b.室内

图8-22 里斯本博物馆
a.入口
b.外观

文化和传统文化融为一体，使建筑材料与建筑技术相协调，使建筑充分与周围环境融合。博物馆的场地是一片被周边森林围合起来的开敞空间。在树木构成的基准面上，艾德瓦尔多为建筑创造出丰富的高差变化，并在艺术和自然之间强调这种变化，使用红色混凝土构建外墙，与绿色的森林形成强烈的反差。入口处采用两个巨大的四棱台状的建筑形式，避免了项目成为平庸的盒子（图8-22）。

8.2.3.2 地域内涵的深层挖掘

建筑是文化的一个组成部分，同时建筑也是一定历史时期特定地域文化

图8-23　西村·贝森大院鸟瞰

的产物。约翰·波特曼说："我们应该发掘文化的本质并处理它，但不一定要去模仿或移植那些具有特定意义的形式。如果你在文化形态，衣着和习俗中发现了一些具有本土特征的东西，那你就抓住了它的本质，你应该将它运用到我们这个时代中来。形式的表达直接来源于文化的精髓，你最不应该做的就是去复制一个相同的形式，你应该对形式的本质进行抽象。只有这样才能在处理建筑与特定文化和时代的关系时，始终保持着一种创造力。"[1]超越形式模仿、片段移植的浅表层面，注重从建筑本体出发对传统主题进行深层挖掘。通过对地域内涵本质的挖掘，提出一种新方法以体现新的地域文化内涵。

西村·贝森大院（2009~2015年，图8-23）意图跨界整合各类社会资源，创造一种将运动休闲、文化艺术、时尚创意有机融合的本土生活集群空间，以满足多元化的现实需求，成为持续激发社区活力的城市起搏器。

1　石铁矛，李志明. 约翰·波特曼［M］. 北京：中国建筑工业出版社，2003：16.

图8-24　奇芭欧文化艺术中心
a.透视
b.鸟瞰

　　秉承"传统元素的当代表达"建筑理念，大院呈"C"形半围合布局。借鉴计划经济时代单位集体居住大院的空间原型，并尝试将这种带有集体主义理想色彩的社区空间模式转化到贝森大院当下的建筑模式与设计语言中，融集体记忆、地域特色与现代生活方式于一体，为现代城市的多样化生活提供一种更具当代性的社会容器。建造"骨架筋络"，以功能的实用、结构的经济、构造的合理和材料的质朴等基本元素为出发点，通过藻井、天井和林盘景观等传统建筑元素与大院的有机融合，让传统文化、四川地域特色与未来感在这里和谐统一，使"村民"获得极大空间自由的同时，充分享受工作、生活相融的乐趣，在繁杂的城市中探寻心灵的归属。

　　1998年建成的法属新加里多尼亚奇芭欧文化艺术中心（Tjibaou Cultural Center，1991~1998年）由意大利高技派建筑师R·皮亚诺（Renzo Piano）设计，以纪念当地卡纳克人的民族英雄奇芭欧。它展现的是一种高技术与本土文化的结合（图8-24）。

　　皮亚诺受当地的棚屋启发，提取出其造型精华——木肋结构。木肋向上收束，造型酷似当地人住的棚屋。中心的主体由10个大小不等、被皮亚诺称之为"容器"的单体一字排开，形成3个村落，每个容器都有一个功能主题，相互以廊道相通，构成整体。最终的"棚屋/容器"具有两层皮。外皮是模仿棚屋"编织"而成的木肋结构。为了抵抗南太平洋的强风和获得耐久性，木材选用了中非的桑科树，这种砍伐后仍带有油性的材料也易于弯曲。内层则是钢与玻璃百叶，体现了皮亚诺一贯所追求的透明性。这样在弯曲的外皮和竖直的内皮之间，形成被动式通风系统，是海风和室内空气流"之间"的过渡。内层百叶窗都是由机械自动控制的，随着风力的变化，百叶自下而上地逐个开合，以调解室温和通风。当海风穿过高耸的木肋，自动开合的百叶发出沙沙声，就像在森林里的树木一样，"这正是卡纳克斯村落和森林的噪音"。高技术与本土文化在这个建筑中实现了完美融合，得到了当地居民的认可。正如皮亚诺所说，"建筑真正意义的广泛性应通过寻根，通过感激历史恩惠、尊重地方历史文化而获得"。

2010年上海世博会中国馆（2010年），作为世博会最重要的建筑主场馆之一，担负着表现中国传统文化和科技的使命，然而传统文化的表现并没有沉湎在形式语言上，方案通过对"传统性"本质的挖掘，在新的层面上诠释了中国传统建筑文化的思想内涵和空间意蕴（图8-25）。

中国馆的创作构思凝聚了全球华人的智慧和心血，体现了"东方之冠，鼎盛中华；天下粮仓，富庶百姓"的创作理念。中国馆总设计师何镜堂院士认为："中国文化源远流长，很难用一个具象来表达文化的精髓，因此必须从总体意象中提炼。"

在总体布局上，国家馆居中升起、层叠出挑、庄严华美，形成凝聚中国元素、象征中国精神的主体造型——"东方之冠"。地区馆水平展开，汇聚人流，以基座平台的舒展形态衬托国家馆。在场地设计上，整合南北城市绿地，形成坐南朝北、中轴统领、大气恢宏的整体格局，体现了传统中国建筑与城市布局的经验与智慧。在技术设计上，层层出挑的主体造型显示了现代工程技术的力度美与结构美，对生态节能技术的综合运用显示出我们对环境与能源等当今重大问题的关注与重视。

中国馆融合了中国古代营造法则和现代设计理念，诠释了东方"天人合一，和谐共生"的哲学思想，是对中国传统文化的继承和转译。

图8-25　2010上海世博会中国馆
a.外观
b、c.庭院

8.3　本章小结

本章阐述了当代地域性建筑主题性设计表达。

主题性表明了系统一定时期内在系统、要素、环境总体协调的基础上的整体价值取向，是当代地域性建筑设计表达的核心。主题性的设计表达需要人们在建筑设计活动中发挥主观能动性去探求。

本章第一节讨论了当代地域性建筑主题性设计表达的系统要素协同和主题辨识过程。系统要素协同，包括设计主体价值取向的协同和设计主体与环境要素的协同。主题辨识的过程，包括条件的梳理—主题把握、要素的平衡—主题确认、成果的完善—主题强化。只有理清了系统要素协同的内容，认清主题产生的过程，才能更好地把握建筑设计过程中主题性的表达。

本章第二节从当代地域性建筑的形式层面、结构层面和意义层面讨论了主题性设计表达。形式层面表达从地域自然地理特征、地域社会文化特征和地域技术特点三个方面进行了论述，结构层面从生态思想、人文精神、适宜技术三个方面论述了地域性建筑的内在关系，意义层面从地域特色和地域内涵两个方面对地域性建筑价值观念进行了讨论。

第九章
结 论

9.1　主要结论

1）论述了基于和谐理念的当代地域性建筑的内涵及特征

以和谐理念对地域性建筑进行研究，在于重视主观因素在建筑设计过程中的作用，并强调主客观要素及其关系作为地域建筑影响因素的作用。建筑地域性的凸现，是建立在人的主观价值取向和客观事物之间平衡的一致性关系基础上的。

体现建筑的地域性是当代建筑的一种价值取向。当代建筑地域性设计表达中，现代与传统、全球化和地域性之间的矛盾表现出一种非对抗形式，体现了和谐的本质关系。基于和谐理念的当代建筑地域性设计表达是处理全球化与地域性、现代与传统矛盾的具体方法，也是协调地域建筑活动中主客观关系的实际手段。

基于和谐理念的当代建筑地域性表达作为当代建筑创作的一种思路。在当代建筑创作中，具有地域化的设计思想与理念，这种理念和方法相比传统的地域性建筑观念有更大的适应性，并且在形态上体现出一个地区典型的地域性特征。

基于和谐理念的当代地域性建筑具有开放性、共融性、多元性、动态性和客观性。

2）探讨了地域性建筑的本质具有和谐系统性，以及地域性建筑的当代表现特征

从系统科学思维的角度分析了和谐理念的系统含义，讨论了地域性建筑的系统构成，并探讨了地域性建筑具有和谐系统性，归纳出关联性、生长性、核心性是地域性建筑和谐系统性的主要特征。在此基础上，进一步推演出当代地域性建筑的表现特征，主要体现在整体性、延续性和主题性三个方

面。整体性是地域性建筑系统关联性的表现，延续性是地域性建筑系统生长性的表现，主题性是地域性建筑系统核心性的表现。这三个方面相互联系，相互支撑，共同构成当代地域性建筑和谐系统性的表现特征。

3）基于和谐系统性，建构了当代地域性建筑设计理论框架

在分析当代地域性建筑设计原则、目标和评价标准的基础上，从整体性、延续性和主题性三个层面建构当代地域性建筑设计理论框架。整体性是当代地域性建筑设计表达的前提与基础，延续性是当代地域性建筑设计表达的内涵与动力，主题性是当代地域性建筑设计表达的特色与途径。这三个层面作为一个整体，相辅相成，共同构成了当代地域性建筑设计的理论框架。

4）在理论和实践上，分别对当代地域性建筑的整体性、延续性、主题性的设计表达进行了分析和研究

整体性设计表达，主要分析和研究当代地域性建筑系统要素和结构的构成关系，并归纳出整体性设计具有要素共存性和结构关联性的特点。

延续性设计表达，主要分析和研究当代地域性建筑系统的生长机制和延续方式，并概括出延续性设计具有内在延续和外在延续的特点。

主题性设计表达，主要分析和研究当代地域性建筑系统和谐的主观和客观要素的协同关系与设计主题的辨识过程，并从形式、结构和意义三个层次阐述了主题性的设计表达。

9.2　展望

地域性建筑产生和发展是一个复杂的过程。它与所在地区的客观的自然、社会条件和主观人的因素相互联系和相互作用，这种相互联系和相互作用是动态的、演进的，它超越了纯粹的形式层面。地域性建筑所涉及的主客观因素相互交织、错综复杂，并以整体的方式承载着地域建筑的发生和发展。

当代建筑地域性设计要综合自然、社会、文化、经济、技术的整体利益和价值需求。我们把当代建筑地域性的设计表达概括为整体性、延续性和主

题性，这三个层面是一个整体，三者相辅相成，共同构成了当代地域性建筑创作的和谐系统观。这一观念的建立，有利于对当代地域性建筑创作中所表现的人地共生、人文延续和整体发展的思考。

当代地域性建筑设计的人地共生。首先，强调建筑的发展不能脱离自然、经济、社会人地系统而独立存在，只有以生态持续为基础，以经济持续为条件，以社会持续为目标，才能保证地域性建筑设计理论框架体系的完整性和动态适应性。在创作过程中，只有保持和尊重建筑所在环境的自然属性，并把它作为设计手段和目标之一贯穿设计的全过程，才能促成建筑与环境的长期协调与融合，并因此产生新的地域性特征。其次，在人类社会不断发展的背景下，不能单纯地依靠传统地域建筑原有适应环境的方式来解决当前的问题，由于人所具有的主观能动性，人们可以通过技术进步不断创造建筑与环境协调共生的新途径。再次，当代建筑设计必须立足于维护生态平衡的思想，既要考虑人类建造行为不超越自然生态环境所能容许的极限，又要考虑在不断更新发展的过程中，保持人类社会结构和经济结构的延续与和谐，保护地域文化的多样性与特殊性，并最终实现自然、社会、经济三者的可持续发展。

地域性建筑设计的人文延续。首先，应认识到地域性建筑文化是一定区域内人与自然长期互动的结果，是人对自然的认识以及人的生活、生产方式的物化体现，是在特定的人文环境和时代背景下的特定产物，对它的分析和借鉴不能脱离特定历史阶段具体的人文因素。其次，任何文化发展都是新的时代需求的结果，地域性建筑文化的发展则有赖于新的社会需求以及建筑技术的进步。正是生产技术水平的提高，才促使人们不断创造能够适应这种文化的新的建筑形态，从而不断为地域建筑文化赋予新的内容。再次，新的地域性建筑文化的产生，并不是对已经形成的地域性建筑体系的全盘否定，而是通过不断的实践尝试，从原有体系中有选择地吸收符合时代需求的内容并加以完善或改进，使之成为与当前时代背景相吻合的文化景观的一部分。任何地区的地域性建筑文化在不同时期都有各自的主要表现特征，但其内涵和

深层结构则常常体现出延续性和一致性。因此，地域性建筑文化的发展，是
创新与继承并重的动态发展过程，继承则是保持地域性建筑文化特征的基
础，创新是赋予其活力的源泉。

地域性建筑设计的整体发展。首先，把对建筑个体的孤立研究与设计，
纳入一个更大的地域文化与建筑发展背景中，建筑设计的地域性表现，离不
开对整个地域自然地理环境和社会文化形态的研究。其次，系统所具有的开
放性与动态性特征，促使地域性建筑系统在其发展过程中，需要不断地吸纳
新的内容、更新落后的部分，从而达到系统内部各要素之间、系统与外部环
境之间的动态平衡。因此，对地域性建筑的研究与设计必须打破原有地域时
空概念的限制，充分利用当今信息社会、经济、文化全球化的特征，通过引
进和吸收国内外先进的文化与技术成果，创造与时代同步的、整体发展的当
代建筑地域性文化。

地域性建筑理论和设计方法研究是一个开放的、不断更新的体系，其理
论思想和研究方法也将随着时代的进步、地区概念的变化而不断更新。它要
求我们不断研究和探索，不断完善其理论体系。当代地域性建筑涉及自然科
学和人文科学的方方面面，具有多元多维、开放共融、动态发展的特点。它
要求我们扬弃传统的思维范式，寻求一种具有时代精神的地域建筑理念。后
续研究中应以建筑设计理论与实践为导向，融贯相关学科的最新成果，更
多地关注设计与实践中出现的新问题，使建筑设计理论与方法更加深入和全
面。希望本书基于系统和谐的当代地域性建筑设计理论的研究，在全球化的
背景下，对建筑设计理论与实践发挥参考价值。

图表来源索引

作者自摄

图2-10 新高纳村清真寺的屋顶和穹顶

https://fr.wikipedia.org/wiki/Hassan_Fathy

图2-11 ISM公寓外貌

［美］肯尼斯·弗兰普敦著. 现代建筑——一部批判的历史［M］. 张钦楠译. 上海：三联书店，2004：356.

图2-12 尼加拉瓜巷公寓

张彤. 整体地区建筑［M］. 南京：东南大学出版社，2003：141.

图2-13 瓦尔登7号公寓

［日］渊上正幸. 世界建筑师的思想和作品［M］. 覃力等译. 北京：中国建筑工业出版社，2000：32.

图2-14 圣玛丽亚教堂 a. 入口平台 b、c. 剖面 d. 平面

世界建筑［J］，2001，9：59

图2-15 姬路文学院 a. 外观 b. 庭院

作者自摄

图2-16 法赛利用埃及本土材料和建造技术创作的作品 a. 清真寺 b. 住宅

宋昆，赵劲松. 英雄主义建筑［M］. 天津：天津大学出版社，2004：181.

图2-17 管式住宅，印度，艾哈迈达巴德（Ahmedabad） a. 剖面 b. 外观

世界建筑导报［J］. 1995，1：16，23.

图2-18 干城章嘉公寓，印度，孟买（Mumbai）

世界建筑导报［J］. 1995，1：16，23.

图2-19 巴拉干Lopez住宅 a. 室内 b. 外墙

谢工曲，杨豪中. 路易斯·巴拉干［M］. 北京：中国建筑工业出版社，2003：96，98.

图2-20 San Cristobal 马厩与别墅，墨西哥州

严坤. 普利策建筑奖获得者专辑［M］. 北京：中国电力出版社，2005：附赠光盘.

图2-21　武夷山庄

杨子伸等. 返朴归真，蹊辟新径——武夷山庄建筑创作回顾［J］. 建筑学报，1985，1：16.

图2-22　菊儿胡同

建筑师编委会. 中国百名一级注册建筑师作品选（5）［M］. 北京：中国建筑工业出版社，1998：5.

图2-23　方塔园　a. 外观　b、c. 内景

刘小虎. 在理性与感性的双行线上——冯纪忠先生访谈［J］. 新建筑，2006，1：106.

图2-24　西汉南越王墓博物馆　a. 鸟瞰　b. 珍品馆入口　c. 主入口及外墙细部

郭黛姮. 20世纪东方建筑名作［M］. 郑州：河南科学技术出版社，2000：258，259.

图2-25　侵华日军南京大屠杀遇难同胞纪念馆扩建工程

华南理工大学建筑设计院资料

图2-26　镇海海防纪念馆

齐康. 纪念的凝思［M］. 北京：中国建筑工业出版社，1996：24.

图2-27　新疆国际大巴扎

赵慧，王小东. 新疆地域建筑的守候者［J］，大陆桥，2007，5：22.

图2-28　天台博物馆

［荷］亚历山大·楚尼斯，利亚纳·勒费芙尔. 批判性地域主义——全球化世界中的建筑及其特性［M］. 王丙辰译. 北京：中国建筑工业出版社，2007：102.

图2-29　鹿野苑石刻艺术博物馆

刘家琨. 此时此地［M］. 北京：中国建筑工业出版社，2002：88，103.

图2-30　北京用友软件研发中心　a. 模型　b. 立面

［荷］亚历山大·楚尼斯，利亚纳·勒费芙尔. 批判性地域主义——全球化世界中的建筑及其特性［M］. 王丙辰译. 北京：中国建筑工业出版社，

2007：148.

图2-31 河南安阳殷墟博物馆 a. 外观 b. 庭院

张男，崔恺. 殷墟博物馆［J］. 建筑学报，2007，1：34.

图2-32 汉阳陵帝陵外藏坑保护展示厅 a. 鸟瞰 b. 室内

刘克成，肖莉. 汉阳陵帝陵外藏坑保护展示厅［J］. 建筑学报，2006，7：68.

表2-1 欧美早期地域主义建筑发展相关事件

整理自：卢健松. 建筑地域性研究的当代价值［J］. 建筑学报，2008，7：16.

表2-2 对现代建筑的反思

卢健松. 地域建筑研究的当代价值［J］. 建筑学报，2008，7：18.

表2-3 中国地域建筑设计理论与实践（1950年代至20世纪末）

整理自：邹德侬，刘从红，赵建波. 中国地域性建筑的成就、局限和前瞻［J］. 建筑学报，2002，5：5；萧默. 50年之路：当代中国建筑艺术之路回眸［J］. 世界建筑，1999，9：24；杨崴. 中国现代地域性建筑分析［D］. 天津大学，2000：34.

第三章 基于和谐理念的当代地域性建筑释义

图3-1 我国传统合院民居的多样性分布

整理自：彭一刚. 传统村镇聚落景观分析［M］. 北京：中国建筑工业出版社，1992：7.

图3-2 印度尼西亚不同岛屿建筑风格的多样和差异

整理自：［日］藤井明. 聚落探访［M］. 北京：中国建筑工业出版社，2003：183.

图3-3 哈桑改良的屋顶 a、b. 捕风塔

周曦等. 生态设计新论——对生态设计的反思和再认识［M］. 南京：东南大学出版社，2003：38.

图3-4 锡耶纳山城

张彤. 整体地区建筑［M］. 南京：东南大学出版社，2003：32.

图3-5　江南水镇

杨超华摄

图3-6　亚利桑那科学中心鸟瞰

［英］凯瑟琳·斯莱塞. 地域风格建筑［M］. 彭信苍译. 南京：东南大学出版社，2001：45.

图3-7　黄土高原窑洞形式

赵群，刘加平. 地域建筑文化的延续和发展——简析传统民居的可持续发展［J］. 新建筑，2003，2：24.

图3-8　贵州石板房

王其钧. 结庐人境　中国民居［M］. 上海：上海文艺出版社，2006：100.

图3-9　北京紫禁城太和殿

潘谷西. 中国建筑史［M］. 北京：中国建筑工业出版社，2001：149.

图3-10　佛罗伦萨

刘育东. 建筑的涵意［M］. 天津：百花文苑出版社，2006：177.

图3-11　福建永定县客家住宅 a. 外观　b. 剖视

潘谷西. 中国建筑史［M］. 北京：中国建筑工业出版社，2001：92.

图3-12　埃及穆罕默德阿里清真寺 a. 外观　b. 水池

世界建筑［J］，1999，8：24.

图3-13　支提窟外观

世界建筑［J］. 1999，8：24.

图3-14　摩梭民居 a. 外观　b. 平面

陆元鼎，杨谷生. 中国民居建筑［M］. 广州：华南理工大学出版社，2004：前彩页.

图3-15　圣丹尼斯社会住宅

张建涛，刘韶军. 建筑设计与外部环境［M］. 天津：天津大学出版社，2002：78.

图3-16 阿罗尔岛的阿布伊族的住居 a. 外观 b. 剖面

［日］藤井明. 聚落探访［M］. 王昀等译. 北京：中国建筑工业出版社，2003：157.

图3-17 徽州黔县村水景

王其钧. 民居建筑［M］. 北京：中国旅游出版社，2006：44.

图3-18 法国亚眠主教堂

陈志华. 西方建筑名作（古代-19世纪）［M］. 郑州：河南科学技术出版社，2000：112.

图3-19 传统岭南民居装饰工艺

新建筑［J］，2003，3：50.

图3-20 基地环境的空间范围主要指城市、地段和场地环境

作者自绘

图3-21 瓦尔斯温泉浴场 a. 外观 b. 庭院和屋顶

世界建筑［J］. 2005，10：102-105.

图3-22 建造活动中人的因素

保罗·拉索. 图解思考——建筑表现技法［M］，邱贤丰译. 北京：中国建筑工业出版社，1988：163.

图3-23 地域性建筑形成与影响因素的关系

作者自绘

图3-24 当代地域性建筑的和谐理念

作者自绘

表3-1 三个文明时期地域性简要比较

改制自：单军. 建筑与城市的地区性［D］. 清华大学，2001：42.

表3-2 相关和相对概念辨析

作者自绘

表3-3 气候条件与地域建筑特征联系的举例

整理自：［英］Randall McMullan. 建筑环境学［M］. 张振南，李溯译.

北京：机械工业出版社，2003：2.

第四章　地域性建筑的和谐系统性及其当代阐释

图4-1　人地关系地域系统要素构成

任启平. 人地关系地域系统结构研究［D］. 东北师范大学，2005：26.

图4-2　地域性建筑系统要素构成

作者自绘

图4-3　地域性建筑系统要素构成关系

作者自绘

图4-4　关联性：地域性建筑系统要素的结构关系

作者自绘

图4-5　生长性：地域性建筑系统要素的演化关系

作者自绘

图4-6　核心性：地域性建筑系统要素一致性的关联形式

作者自绘

第五章　基于和谐系统性的当代地域性建筑设计理论建构

图5-1　当代地域性建筑设计理念建构的思路

作者自绘

图5-2　当代地域性建筑系统和谐整体性设计研究框架

作者自绘

图5-3　当代地域性建筑系统和谐延续性设计研究框架

作者自绘

图5-4　当代地域性建筑系统和谐主题性设计研究框架

作者自绘

表5-1　建筑理论框架

作者自绘

第六章　当代地域性建筑整体性设计表达

图6-1　组合平面图、单元户平面

汪芳. 查尔斯·柯里亚［M］. 北京：中国建筑工业出版社，1998：174.

图6-2　桑珈事务所外景

王路. 根系本土：印度建筑师B·V·多西及其作品评述［J］. 世界建筑，1999：68.

图6-3　大阪府立飞鸟博物馆　a. 外观　b. 鸟瞰

El Croquis Tadao Ando 1983-2000，313-315.

图6-4　马那瓜大都会教堂　a. 外观　b. 室内

［英］凯瑟琳·斯莱塞. 地域风格建筑［M］. 彭信苍译. 南京：东南大学出版社，2001：105，107.

图6-5　中国美术学院象山校园山南二期　a. 外观　b. 总平面

王澍，陆文宇. 时代建筑［J］. 2008，3：72-85.

图6-6　弗雷尤斯地方中等专业学校　a. 外观　b. 细部

The Architecture Review. 1995，5：62-67.

图6-7　汉诺威世界博览会日本馆　a. 外观　b. 细部

世界建筑［J］，2000-11：26.

图6-8　戴姆勒——奔驰公司办公楼及住宅楼

纪雁，［英］斯泰里奥斯·普莱尼奥斯. 可持续建筑设计实践［M］. 北京：中国建筑工业出版社，2006：142.

图6-9　雅鲁藏布江小码头　a. 平台屋檐　b. 总平面

时代建筑［J］. 2008，6：65-68.

图6-10　南京工业大学江浦校区图书馆　a. 总平面　b. 外观

何镜堂，涂劲鹏等. 建筑学报［J］. 2007，6：50-53

图6-11　现代艺术中心　a. 鸟瞰　b. 外观　c. 总平面

Architecture Record. 1994，10：102，105，246

图6-12　福尔诺斯教区中心　a. 室内　b. 外观

蔡凯臻，王建国. 阿尔瓦罗·西扎［M］. 北京：中国建筑工业出版社，2005：233.

图6-13　卡里艺术中心　a. 鸟瞰　b. 剖面

The Architecture Review.

图6-14　道密纽斯葡萄酒厂　a. 外观　b. 室内

索健，孔宇航. 诗意的建构，精致的表皮——瑞士建筑家赫佐格和德默隆建筑作品解读［J］. 华中建筑，2002，3：11.

图6-15　庞卡哈朱国家森林博物馆　a. 外观　b. 细部

The Architecture Review, 1995，8：37-39.

图6-16　住吉长屋　a. 外观　b. 内庭

［韩］C3设计. 安藤忠雄［M］. 吕晓军译. 郑州：河南科学技术出版社，2004：64-65.

图6-17　湖南耒阳市毛坪浙商希望小学　a. 外观　b. 细部

建筑学报［J］，2008，7：34.

图6-18　毛寺生态实验小学　a. 校园全景　b. 总平面图

世界建筑［J］. 2008，7：35，36.

图6-19　法国财政部大楼　a. 外观　b. 总平面

陈永昌. 法国财政部大楼室内外环境［J］. 室内设计，2005，2：5.

图6-20　圣·乔瓦尼·巴蒂斯塔教堂　a. 外观　b. 室内

世界建筑［J］. 2001，9：55.

图6-21　明斯特市图书馆　a. 鸟瞰　b. 外观　c. 总平面

The Architectural Review，1994，2：34-37.

图6-22　戴维斯美术馆　a. 外观　b. 室内

A+U，1995，3：66-69.

图6-23　要素的共存性

作者改绘

图6-24　舟山市沈家门小学

彭一刚. 现代建筑地域化地域建筑现代化：舟山市沈家门小学的方案构思［J］. 建筑学报，2004，3：54.

图6-25　挪威奥斯陆新国家歌剧院

a. 鸟瞰

http://www.archdaily.cn/cn/600602/ao-si-lu-ge-ju-yuan；

b、c. 外观

作者自摄

图6-26　结构的关联性

作者改绘

图6-27　南非种族隔离博物馆　a. 外观近景　b. 外观远景

陈铁夫，李哲. 讲故事的空间：南非种族隔离博物馆案例分析［J］. 世界建筑，2005，2：110

图6-28　云南丽江玉龙纳西族自治县白沙乡玉湖完全小学　a. 庭院b. 楼梯

［荷］亚历山大·楚尼斯，利亚纳·勒费芙尔，批判性地域主义——全球化世界中的建筑及其特性［M］. 王丙辰译. 北京：中国建筑工业出版社，2007：139.

第七章　当代地域性建筑延续性设计表达

图7-1　需求系统内部的五个结构层次

钟学富. 物理社会学［M］. 北京：中国社会科学出版社，2002：85-89.

图7-2　地域性建筑系统的生长机制

作者自绘

图7-3　陕西历史博物馆

建设部勘察设计司，中国建筑工业出版社. 中国建筑设计精品集锦（5）［M］. 北京：中国建筑工业出版社，1999：192.

图7-4　河南省博物院

世界建筑［J］. 1999，9：34-36.

图7-5　塞维利亚世界博览会日本馆　a. 外观　b. 局部

王建国. 安藤忠雄［J］. 北京：中国建筑工业出版社，1999：206.

图7-6　北京德胜尚城　a. 总平面　b. 步行街

世界建筑［J］. 2013，10，70-72.

图7-7　中国书院博物馆　a. 外观　b. 总平面

建筑学报［J］. 2013，6：30-37.

图7-8　"菊儿胡同"新四合院工程　a. 外观　b. 平面

［荷］亚历山大·楚尼斯，利亚纳·勒费芙尔. 批判性地域主义——全球化世界中的建筑及其特性［M］. 王丙辰译. 北京：中国建筑工业出版社，2007：131.

图7-9　莫蒂隆的博伊奥，莫蒂隆人的替换住宅

［美］阿摩斯·拉普卜特. 文化特性与建筑设计［M］. 北京：中国建筑工业出版社，2004：3，4.

图7-10　土著人露营布局图解

［美］阿摩斯·拉普卜特. 文化特性与建筑设计［M］. 北京：中国建筑工业出版社，2004：8.

图7-11　凉山民族文化艺术中心暨火把广场　a. 鸟瞰　b. 通廊　c. 外观

建筑学报［M］. 2008，7：35

图7-12　鼓楼街区A地块（西北区）复原与再生

张颀，解琦. 钢筋混凝土里的"天津味儿"——鼓楼街区A地块（西北区）复原与再生［J］. 建筑学报，2008，3：70.

图7-13　苏州博物馆新馆　a. 模型　b. 庭院

http://www.ikuku.cn/project/suzhou-bowuguan-xinguan-beiyuming

图7-14　大唐西市博物馆　a. 外观　b. 鸟瞰　c. 室内

http://www.ikuku.cn/project/datang-xishi-bowuguan

图7-15　古罗马艺术博物馆　a. 入口　b. 中央大厅　c. 承重墙体系 d、e. 临近古建筑遗址

作者自摄

图7-16　北京香山饭店　a、b. 外观

作者自摄

图7-17　中国藏学研究中心二期工程　a. 外观　b. 模型

华南理工大学建筑设计研究院资料

图7-18　复合办公建筑　a. 外观　b. 内庭

［英］凯瑟琳·斯莱塞. 地域风格建筑［M］. 彭信苍译. 南京：东南大学出版社，2001：117–118.

图7-19　TIME'S　a. 沿河外观　b. 沿河平台

作者自摄

图7-20　泰州民俗文化展示中心　a、b. 庭院　c. 外观　d. 室内

华南理工大学建筑设计研究院资料

图7-21　洛阳博物馆新馆　a. 屋顶　b. 室内

设计者提供

图7-22　利雅得旧城改造工程　a. 鸟瞰　b、c. 外观

肯尼斯·弗兰姆普敦. 20世纪世界建筑精品集锦（第5卷）［M］. 北京：中国建筑工业出版社，1999：233.

第八章　当代地域性建筑主题性设计表达

图8-1　主题辨识过程示意

改绘自：爱德华·T·怀特. 建筑语汇［M］. 林敏哲等译. 大连：大连理工大学出版社，2001：17.

图8-2　积极的思维　有意识综合

改绘自：保罗·拉索. 图解思考——建筑表现技法［M］. 邱贤丰译. 北京：中国建筑工业出版社，1988：85.

图8-3　条件梳理与主题把握

改绘自：爱德华·T·怀特. 建筑语汇［M］. 林敏哲等译. 大连：大连

理工大学出版社，2001：27.

    图8-4　映秀震中纪念地　a. 地景景观　b. 室内

华南理工大学建筑设计研究院资料

    图8-5　要素平衡与主题确认

改绘自：爱德华·T·怀特. 建筑语汇［M］. 林敏哲等译. 大连：大连理工大学出版社，2001：16.

    图8-6　青海玉树州行政中心　a. 玉树州政府主楼　b. 水院倒映的保留树木和远山

    庄惟敏. 回到设计的全体论［J］. 世界建筑，2015，10：82，83.

    图8-7　主题的强化：清晰性和一致性

改绘自：刘育东. 建筑的涵意［M］. 天津：百花文苑出版社，2006：150.

    图8-8　直岛当代美术馆及加建工程　a. 鸟瞰　b. 庭院

El Croquis Tadao Ando 1983–2000：271.

    图8-9　纳尔逊艺术中心

    ［英］凯瑟琳·斯莱塞. 地域风格建筑［M］. 彭信苍译. 南京：东南大学出版社，2001：28.

    图8-10　费孝通江村纪念馆　a. 总平面　b. 外观　c. 庭院

设计者提供

    图8-11　土楼公社　a. 鸟瞰　b. 内景

土楼公社［J］. 世界建筑，2011，5：84，85.

    图8-12　肯迪地区医院　a. 外观　b. 施工过程　c. 平面和剖面

张彤. 整体地区建筑［M］，南京：东南大学出版社，2003：119.

    图8-13　鹿野苑石刻艺术博物馆　a. 中庭　b. 实验墙

刘家琨. 此时此地［M］. 北京：中国建筑工业出版社，2002：84，103.

    图8-14　非洲西部阿克拉加纳的乔·阿多住宅　a. 立面　b. 庭院

http://www.archiafrika. org/

    图8-15　MBF大厦　a. 侧面仰视　b. 南立面

［英］艾弗 理查兹．T·R·哈姆扎和杨经文建筑师事务所［M］．北京：中国建筑工业出版社，2005：54，58.

图8-16　宁波帮博物馆　a．外观　b．总平面
华南理工大学建筑设计研究院资料

图8-17　芬兰赫尔辛基现代艺术博物馆　a．鸟瞰　b．外观
http://www.archdaily.com/784993/ad-classics-kiasma

图8-18　土坯建筑　a．新高纳村　b．新巴里斯村
张彤．整体地区建筑［M］．南京：东南大学出版社，2003：116.

图8-19　林芝南迦巴瓦接待站　a．外观　b．墙面　c．室内
作者自摄

图8-20　华南理工大学人文馆　a．外观　b．总平面
华南理工大学建筑设计研究院资料

图8-21　当代美术馆　a．外观　b．室内
［英］凯瑟琳·斯莱塞．地域风格建筑［M］．彭信苍译．南京：东南大学出版社，2001：101.

图8-22　里斯本博物馆　a．入口　b．外观
作者自摄

图8-23　西村·贝森大院鸟瞰
家琨建筑设计事务所http://www.jiakun.com/

图8-24　奇芭欧文化艺术中心　a．透视　b．鸟瞰
RENZO PIANO BUILDING WORKSHOP. Phaidon Press，2000：112，11，92.

图8-25　2010上海世博会中国馆　a．外观　b、c．庭院
华南理工大学建筑设计研究院资料

表8-1　建筑设计决策的参与方
整理自：张钦楠．建筑设计方法学［M］．陕西科学技术出版社，1995：14.

后记

当代建筑地域性理论研究是为应对全球化发展所造成的问题而出现的，是对地域传统文化的尊重与发展的探索，这已是大多数学者的共识。而探索当代建筑地域性设计表达的理论依据和方法途径仍具有重要意义。本书以和谐理论和系统理论的视角探讨当代建筑地域性理论与设计表达，希望有助于推进和深化当代建筑地域性理论与设计方法的研究。

本书是作者在2008年完成的博士论文的基础上稍作修改而成的。

感谢导师何镜堂教授。何老师在建筑理论和创作上辩证的、富有创造力的学术思想、深厚的专业素养、勤奋严谨的治学之道、强烈的社会责任感，以及宽广包容的胸襟，给予学生莫大的激励。在论文的指导上，何老师总是指引学生把问题的思考放到更大的背景和更广阔视野中，从而把握问题更高层面的关系，使学生逐渐从繁复的研究内容中获得对事物更为清晰的理解和认识。

感谢参加预答辩和答辩的各位教授对论文细致的审阅和指正。

感谢论文匿名评审专家、教授对论文的评审意见和建议。

感谢在研究生学习期间何镜堂教授工作室的各位老师和师门兄弟给予我学业和生活上的帮助。

感谢郑州大学建筑学院的诸多师长和同事们，在我学习期间给予的理解、支持和帮助。

感谢我的研究生对本书所做的协助工作。

感谢中国建筑工业出版社的支持和责任编辑王晓迪的帮助。

感谢我的家人多年来对我生活、工作、学习的关心和支持。

张建涛

2016年7月15日于郑州大学